グリーン・ニューディール
環境投資は世界経済を救えるか

寺島実郎
terashima jitsuro
飯田哲也
iida tetsunari
NHK取材班

生活人新書
292

はじめに――グリーン・ニューディールは世界を変えるか

日本総合研究所会長　寺島実郎

オバマ新大統領誕生から1か月後、私はアメリカ東海岸のニューヨーク、ワシントンを訪れた。そこで、次のような言葉を聞いた。

「グリーン・カラー・ワーカー」

「ホワイト・カラー」や「ブルー・カラー」ではなく、「グリーン・カラー」という新たな労働者の誕生。アメリカでは既にこのような造語まで出始めていることに驚きを禁じ得なかった。

オバマは、「グリーン・ニューディール」という新たな物語を創出することで、現在の危機を乗り越えていこうとしているように見受けられる。アメリカはこれまでにも新たな時代を切り開くために、多くの物語を創り出してきた。最も近くの物語は、ＩＴ革命であろう。１９８０年代の後半、75年のベトナム敗退後のベトナムシンドロームを背景に、アメリカの未来については悲観論が支配的だった。１９８５年のプラザ合意以降、一気に進行したドルの下落もあり、１９８０年代末は米国衰亡論一色だった時期がある。

双子の赤字を抱えて苦しむアメリカを尻目に、バブル絶頂期だった日本はアメリカの企業や資産を買い占め、〝ジャパン・アズ・ナンバーワン〟〝日米逆転〟という言葉が人口に膾炙《かいしゃ》した。ところが90年代に入ると、事態は一変する。冷戦の終焉を機に、本来は軍事目的で開発したインターネットの基盤技術を民生転換して活用する動きをアメリカは加速させた。クリントン政権のゴア副大統領の「情報スーパーハイウェイ構想」を口火として、アメリカはＩＴ革命で〝蘇るアメリカ〟を創出してみせたのだ。

今回のグリーン・ニューディールという新たな物語は、はたしてＩＴ革命以上のマグニチュードを持つものなのか。

実は、１９７０年代にも今日のグリーン・ニューディールと似たような、再生可能エネルギー・ブームがあった。米の環境学者エイモリー・ロビンスが提唱した「ソフトエネルギー・パス」（１９７６年）や、ローマクラブのレポート「成長の限界」（１９７２年）などが話題となり、化石燃料の枯渇や環境汚染の危機を訴える声が拡大、再生可能エネルギーが俄然注目を浴びた。だが結局は、決定的なマグニチュードを生むことはなかった。当時はまだモータリゼーションを変えるまでの技術力が出揃っておらず、エネルギー源としての石油の優位性が揺るがなかったのである。

だが、70年代と今とでは、あらゆる面で状況が違う。今から１００年前のT型フォード誕生以来、アメリカは「石油」と「自動車」を柱とした大量生産、大量消費型の経済で世界をリード、20世紀はまさしくアメリカの世紀だった。だが現在、栄華を極めたGM、フォード、クライスラーのビッグ3が存亡の危機に立たされ（本稿執筆後、クライスラーは経営破綻）、自動車業界全体の業績も大幅に縮小していくなか、現在世界中のメーカーは、ガソリンを燃やし内燃機関を動かして車を走らせる時代を見直し、こぞって電気自動車へと活路を見出し、激しい開発競争を繰り広げている。そして、その電気自動車に電源を供給する仕組みとして、再生可能エネルギーが注目を浴びているのだ。

再生可能エネルギーについては、エネルギー問題の専門家からは「針小棒大な議論はしないほうがいい」という意見も聞こえてくる。所詮小規模・分散型の発電システムで、アメリカの電力供給の中で太陽・風力・バイオマスのシェアはわずか5・5％にすぎない、オバマはこれを3年で倍増させると言っているが、たとえこれに成功したとしても、産業構造に大転換をもたらすほどのインパクトになりえない。こうした懐疑的な声も多い。

だが、はたしてそうなのか。われわれは時に専門家の意見を疑ってみることも必要であろう。小規模・分散型のエネルギーは、至るところを動き回る自動車へのエネルギー源として実は有効だという見方もある。さらには、ITの発達によって、次世代双方向発電「スマート・グリッド」や、あのグーグル社が開発している「グーグル・パワーメーター」など、エネルギーの効率的な利用の研究・開発も急ピッチで進められている。再生可能エネルギー（ＲＥ）が情報技術（ＩＴ）や電気自動車（ＥＶ）などの複数の技術と「相関」すれば、産業構造の大転換がもたらすブレイクスルーへとつながる予感もする。

ひょっとしたら、われわれは今、文明の大きな転換点にさしかかっているのではないか。ＲＥ、ＩＴ、ＥＶの３つの技術の「相関」と「相乗」によって、グリーン・ニューディールはＩＴ革命を超えるほどのインパクトをもたらし、世界を変える新たな引き金となるのではないか。

技術的な「相関」に加えて重要なのが、「固定価格買取制度（ＦＩＴ、フィードインタリフ）」のような制度設計つまりは政策である。詳しくは本文を読んでいただくとして、アメリカではオバマ就任前より、州レベルにおいて再生可能エネルギーを促進する制度の導入が進められてきた。そしてオバマはグリーン・ニューディールによって５００万人の雇用を創出すると宣言し、後押ししている。さらにオバマ政権はアメリカのエネルギー体系の転換も目論んでいる。

オバマは就任演説で「われわれのエネルギーの使用方法が、われわれの敵をますます強大にし、地球を脅かす」と語った。オバマの言う「われわれの敵」とは、具体的には、「不透明性の高い中東」と「反米色を強めるベネズエラ」を意識していることがうかがえる。国内の石油需要に関して言えば、これまでアメリカは中東からの供給は2割以下に抑え、残りの8割を自国および中南米から供給する構造を保ってきた。しかしながら、中東情勢は依然不透明な状況で、鍵を握る大国イランとの関係もブッシュ政権時代に悪化、さらにお膝元のベネズエラのチャベス政権は2008年にエクソンモービルの資産を接収、米大使を追い返すなど、より反米色を強めていた。こうした状況を受け、オバマ政権は不安定さを増すアメリカのエネルギー安全保障を改善するために、今後はさらに中東への依存を弱め、より自立化を強めるために再生可能エネルギーの比重を高めようとしている。

再生可能エネルギーはいかなる国にとっても自国の国産エネルギーであるという意味は重い。長期的に「資源ナショナリズム」「資源争奪」という事態に向かわざるを得ない状況を考えれば、外部依存しないエネルギー源に目を向けざるを得ない。

経済再生とエネルギー体系の転換、アメリカはこのふたつを前進させるために、今後、半年から1年の間に、グリーン・ニューディールをより具体化、輪郭化した政策を打ち出してくるだろう。

ひるがえって日本はどうか。日本版グリーン・ニューディールをめぐる迷走については、本文で詳しく取り上げるが、私自身もエネルギー戦略に関する様々な会合に参加した経験がある。その経験から言えば、日本における再生可能エネルギーをめぐる議論においては、依然として懐疑派と推進派の対立が続く状況が見受けられる。懐疑派の人びとの批判は、再生可能エネルギーは小規模・分散型、非効率で経済的コストも高く付き、さらに不安定だというものだ。だが、エネルギーの効率的な供給管理の技術が発展すれば、系統電源と再生可能エネルギーを組み合わせ、そこから供給される電源で電気自動車を走らせる未来図も浮かんでくる。

日本のエネルギー安全保障の観点からも、再生可能エネルギーがもたらすインパクトは決して小さいものではない。先程述べたように、中東への石油依存が2割に過ぎないアメリカでさえ、エネルギーの外部依存をより軽減しようとしているなか、石炭・石油は100％近く、天然ガスも95％以上を海外からの輸入に依存している日本は、本来アメリカ以上にエネルギー安全保障の戦略の見直しが迫られるはずである。地熱エネルギー、廃棄物発電などの未活用エネルギーを含めても、現在わずか3％にすぎない再生可能エネルギーの割合（うち太陽光・風力は0・2％）を10％にまで持っていけば、それだけでも日本はエネルギー戦略の「余力」を手にすることになる。また、化石燃料への依存を徐々に下げていくと同時に、化石燃料を使用する場合でも環境への負荷が比較的少ないとされる天然ガスの比重を上げる、さらには情勢が不安定な地域への依存をあらため、複数の地域からのエネルギーを供給していく。原子力発電も含めて、「ベストミックス」はどうあるべきなのか。こうした全体的なエネルギー戦略を描いたうえで、適切な政策を打ち出していくことが、いま日本には求められている。

今後アメリカがより加速度を上げてグリーン・ニューディールを推し進めていくなか、日本も傍観者ではいられない。そもそも、グリーン・ニューディールにとって不可欠な要素である、太陽・風力・バイオマス・省エネ・燃料電池などの技術的な分野における日本の優位性はいまだに高い。日本は、2度の石油危機を乗り切るためにエネルギーの利用効率を37％も改善し、現在それをさらに30％改善しようという計画も進んでいる。エネルギー効率で言えば、現在でもアメリカの2倍を実現しているのだ。これらの日本の技術は、アメリカにとっても喉から手が出るほどほしいものだ。そのために今後は、日米の産業技術協力もより一層重要になっていくに違いない。そして日米の技術協力がうまく進展すれば、それは「世界を変えていく」大きなエネルギー源になりうるであろう。

本書では、急速に進むアメリカと日本の「環境エネルギー革命」の最前線、さらには日本の課題を取り上げていく。グリーン・ニューディールという標語の下、環境と経済の両立をめざす世界的な潮流の中で、日本はどのように向き合って行くべきなのか。その理解の助けになれば幸いである。

【目次】

第Ⅰ部

アメリカ

グリーン・ニューディールが変える経済と社会

第1章　太陽光が雇用を生む

プロゴルフツアーとソーラーパネル

　2009年3月初旬、カリフォルニア州ロサンゼルス郊外のニューポートビーチ。透みきった碧い空が広がり、いかにもカリフォルニアという強い日差しが照りつけるなか、プロゴルフのシニアツアーが開催されていた。美しい緑のコース脇には、トレーラーの荷台に斜めに固定された大きなソーラーパネルが見える。この大会では、選手や関係者が使うゴルフカートなどの電力がこのソーラーパネルで賄われていたのだ。ギャラリーがビールやジュース、軽食を買う店の電力、さらに順位を表示するスコアボードもこの太陽光の電力だ。主催するPGA（全米プロゴルフ協会）の役員スティーブ・トーマス氏は、「環境に良い上に、コストの面でもプラスなんです。今回初めての試みでしたが、これから他のトーナメントでも少しずつ実施していきたい」と胸を張る。

　選手や観客の反応も上々だ。この日、首位でホールアウトしたベン・クレンショーは、

「様々な業界が環境について考えている。ゴルフ界も新たな技術を取り入れて、社会について行こうという取り組みはいいことだと思うよ」と話してくれた。

日本でもおなじみのゲーリー・プレーヤーを見つけた。私たちが感想を聞こうと近づくと、ゴルフの話じゃないのか、と一瞬驚いたようだったが、「よくぞ、環境の話を質問してくれた」と言いながら「ソーラー発電は非常に大事だね。世界中が努力すべきだと思うよ」と熱く語ってくれた。

選手たちからも、社会にメッセージを伝えていこうという熱意が感じられる。もちろんギャラリーの反応も非常にいい。

「このカリフォルニアの日差しを使わない手はないよ」

「PGAの試みは非常にいいと思うな」

ここは、環境に対する意識で、アメリカはもちろん、世界をリードしてきたカリフォルニアなのだ。

大気汚染の州の大変身

カリフォルニア州は現在人口3700万、自動車は3100万台と、ともに全米最多だ。車社会アメリカの中でも特に車が多く、1300万の人口を抱えるロサンゼルスの都市圏はひどい渋滞で知られている。縦横に張り巡らされた高速道路網が市民生活を支えているが、夕方になると片側5、6車線もある高速道路が大渋滞を起こすのが日常の光景となっている。

1940年代、カリフォルニア州では、増加する自動車の排気ガスに工場からの排気も加わって、大気汚染が深刻化するようになった。住民の健康被害も出始め、徐々にこれを規制する動きが始まる。1960年代には、自動車の排気ガスに浄化装置をつけることが義務付けられるなど規制が次々と設けられた。このカリフォルニア州の排ガス規制がもととなり、全米の自動車に対する規制となっていく。その結果できたのが有名なマスキー法だ。1970年、エドムンド・マスキー上院議員が提案したマスキー法が成立。排気ガスに含まれる一酸化炭素や窒素酸化物を10分の1にすることを義務づけた連邦法で、当時、世界で最も厳しいと言われた。この経緯から、カリフォルニア州は環境政策のリーダーとしての地位を確かなものとしていったのだ。ベトナム戦争が行われた1960年代から70年代にかけては、反戦・平和運動の拠点となったリベラルな土地柄が、環境保護という価値と結びつき、積極的な政策を後押しすることになっていく。

70年代には風力や太陽光などの自然エネルギー[*1]の導入にかかった費用の55%を税額控除するなどの自然エネルギー導入促進策が打ち出された。こうした政策でカリフォルニアでは自然エネルギーの導入が進み、１９９０年には世界の風力発電の半分がカリフォルニアで行われていたほど、突出した存在となっていた。

住民の環境意識の高さは、ハリウッドスターにも波及していく。環境保護に熱心だということがアピールになるのも、住民の意識が高いからだ。そして、スターの発言でさらにそうした意識が広がるという相乗効果が生まれている。トヨタのハイブリッド車「プリウス」がロサンゼルスで非常に多いのも、ある種のファッションにもなるからであろう。

こうした住民の意識を背景に、近年次々と積極策を打ち出しているのがシュワルツェネッガー州知事だ。２００３年に就任した当初は巨額の赤字を抱えた州財政の建て直しが最大の政治課題だったが、実現できず、苦しい立場に置かれていた。２期目の当選をめざす中、人気回復に大きな役割を果たしたのが温暖化対策だった。２００４年には「ソーラーパネルを２０１８年までに１００万戸に設置する」という目標を掲げ、選挙が行われる２００６年には、さらに思い切った政策を打ち出した。「地球温暖化対策法」だ。自動車から出される温室効果ガスを２０１６年までに２００４年時よりも約30％削減することを自動車業界に義務付けた。さらに電力会社には２０１０年までに発電量の20％を自然エネルギーにするよう義務付け、産業界にも工場からの排出削減を定めたのだ。当然、各業界からは反発の声も上がっていたが、環境意識の高い世論や、税金の優遇制度などによってこうした声を封じ込めて法案の成立にこぎつけたのだった。

しかし、この規制の実施には連邦政府の許可が必要で、ブッシュ政権はこれを認めず、制度の導入にストップをかけていた。同じ共和党のシュワルツェネッガー知事だが、これに反発して連邦政府を提訴。「カリフォルニア州」対「連邦政府」という対立が続いた。知事は「連邦政府は地球温暖化対策を求める人びとの意思を無視している。常識はずれの行為だ」と述べてブッシュ政権を激しく批判し続けていたのだ。ブッシュ大統領は京都議定書を批准せず、温暖化対策よりも産業界の利益を重んじているとして世界中の批判を浴びてきたが、温暖化対策に後ろ向きな姿勢はここにも表れていた。

ところが2009年、オバマ政権が誕生した途端、まさに180度風向きが変わった。オバマ大統領は環境産業の育成を経済政策の柱として掲げ、巨額の投資を行う方針を早々に打ち出した。そして、カリフォルニア州がめざしていたのとほぼ同じレベルの規制を全米で実施することを決めたのだ。この大転換。これこそがアメリカのダイナミズムであり、強さの秘密だとも言えるだろう。結局、ここでも、カリフォルニア州を連邦政府が追いかけるという構図となったのである。

連邦政府に先駆けて、次々と新たな環境政策を打ち出すカリフォルニア州。住民の環境意識の高さが地方政治を動かし、国全体を動かし、そして世界にも影響を与える。そうした流れの発信源であり続けているのである。

環境産業が雇用を生む

2008年10月。州南部のサンディエゴ市で全米最大の太陽光発電の見本市が行われた。サブプライムローンの焦げ付き増加が深刻化し、9月には大手投資銀行のリーマン・ブラザーズが経営破綻。アメリカは急速な景気後退に見舞われていた。日々の取材も不況関連が多くなり、大統領選挙にも大きな影響を及ぼすなか、サンディエゴで行われたこの見本市を取材に訪れた。不況が直撃しているかと思うと、さにあらず。会場には前年の2倍の数の企業が参加して熱気に包まれていた。

参加企業に話を聞くと「不況の影響はあるだろうが、この業界は成長を続ける」と皆一様に興奮気味に話す。こんなところにこの業界の勢いを感じる。

参加企業のひとつ、ソーラーワールド社。ドイツ資本のソーラーパネル製造メーカーだ。産業の現状を聞いたところ、こちらも非常に前向きだ。「ソーラーパネルは成長産業であり、不況であっても今後も成長を続ける」と言う。そして、この見本市の数日後にソーラーパネルの部品工場をオープンするという。それでは、と私たちは同じ西海岸

シリコン製ソーラーセル

のオレゴン州で行われた工場のオープンセレモニーを取材した。シリコンのソーラーセルを年間500メガワット分製造するこの工場、その規模は北米最大だという。当面500人を、フル操業となれば1000人を雇用する計画で、不況で失業者が増え続けるなかで、雇用を生み出す貴重な存在となっている。事実、話を聞いた従業員は「失業していたがこの工場で仕事を見つけた。仕事が見つかって本当にうれしい」と話してくれた。

ソーラーワールド・アメリカのゴードン・ブリンザー副社長も「世の中は不況と言われてますが、ソーラーパネルは今こそ有望です。アメリカ市場でまだまだ売上を伸ばせると確信しています」と自信満々だ。

この部品を使い最終的な製品をつくるソーラーパネル工場はカリフォルニア州南部のカマリロにあり、ここでも生産量を伸ばしている。この他にも、カリフォルニアでは次々と増産や新工場の建設が発表され、「全米最大」「世界最大」というニュースが頻繁に報じられている状態だ。その都度「○○人の新たな雇用が生まれる」と、不況の中の数少ない明るい話題として好意的に伝えられている。

「環境に良いこと」が得になる！

2008年にカリフォルニア州で設置されたソーラーパネルは2年前の2倍に上る。まさにうなぎ上りで、設置業者は技術者が足りず、うれしい悲鳴を上げている。

ロサンゼルス郊外のRCCソーラー社もそうした設置業者のひとつだ。倉庫を改造したような木造2階建ての社屋には、太陽をデザインした会社のマークが大きく描かれている。中に入ると、いかにもリフォームされたという感じの真新しいきれいな受付があり、おしゃれでやや華奢で頭の良さそうな若い男性社員が、次々かかってくる電話の応対に追われていた。3年前にソーラーパネルの販売、設置を始めたばかりの新しい会社だが、2009年は1月、2月の2か月ですでに前年1年間と同じ数の注文が来ているという驚きを隠せない。とにかく人手が足りない、と取材の前日にふたりの取り付け作業員を雇い、翌週にまたふたり新たに雇うという。

「とにかく忙しい。異常な状態で目が回りそうだ」

社長のケビン・ホルム氏はそう言いながら注文のリストを見せてくれた。設置を待っている客がずらりと並んでいた。

「このビジネスはまだまだ成長する。すごい可能性がある。不況の今ですらこんな状態だ。オバマが環境政策に熱心だから、その影響はこれからも出てくるだろう。オバマが大統領になってお前はラッキーだってよく言われるよ」

住民にとって、パネルの設置とはどういう選択なのか、そしてどんな人たちが設置しているのか。私たちは、半年前にケビンの会社に頼んで設置をしたという夫婦を訪ねた。

ロサンゼルス郊外の住宅街で、庭付き一戸建てに住むロバート・ハース氏とジュリーさん夫妻は二人暮らし。バッテリーを販売する小さな事業をたたみ、年金と株式投資の収益で暮らしている。パネル設置の費用は360万円だが、国からおよそ100万円、州政府からもおよそ100万円の補助を受け、結局自己負担は160万円ほどとなった。設置前は月1万7000円ほどだった電気料金は設置以来ゼロ。単純に計算しても8年で設置にかかった費用を回収し、後はタダで電気を使い続けられることになる。

「電気代がタダなんてウソみたい。夢のような話よね。おまけに環境にも良いのよ」と妻のジュリーが満面の笑みで言えば、夫のロバートも、「金融危機で株式などの資産が随分減ってしまったから、こういう賢い選択は大事だよ」と現実的だ。リビングの壁には、現在の発電量やこの日の電力使用量が表示された小さな四角い液晶のパネルが取り付けられていた。さらに、インターネット上では1日毎、1時間毎の発電量や電力使用量が確認できる。その画面で確認するのがまた楽しいのだという。

ソーラーパネルで発電した電気が使用量を上回っている時は、家庭から送電網に電気が逆流していくという。その様子を見たいと言うと、ロバートは、お安い御用とばかりに私たちを外に連れ出した。家の外壁に日本でもおなじみのタイプの電気メーターがある。透明なケースの中で金属製の円盤がレコードのようにゆっくりと回っている。

「これが電気を買っている状態だよ。ところが使用する電力を減らすと……」

そう言ってジュリーに合図し、エアコンのスイッチを切ると、その円盤が逆に回り始めた。一般家庭から送電網に電気が逆流する瞬間だ。このシステムがあるからこそ月の電気料金がゼロになるのだ。

「どんなに得をするかみんな知らないだけなのよ。だから私は友達みんなに教えてあげてるのよ」

ジュリーがうれしそうにまた笑った。

再びＲＣＣソーラーを訪れた。

「どうだった？」

会社の外にいたケビンが、われわれの感想を予想していたように笑いながら言う。そして辺りを見回して言った。

「周りを見てみろ。まだソーラーパネルをつけている家なんてほとんどないだろ。ということは、まだ、これだけの客がいるってことだ」

環境に良い、というだけでは消費者は動かない。その選択が得になる、という構図が出来上がっているのだ。

次々と立ち上がる巨大プロジェクト

２００９年2月、カリフォルニア州南部の電力会社「サザン・カリフォルニア・エジソン」は世界最大規模の太陽光発電計画を発表した。発電量は１３００メガワット。85万世帯分に当たる莫大な量だ。発電は無数の鏡で太陽光を塔の上に集め、その熱で蒸気をつくってタービンを回すというＳＦ小説に出てくるような仕組みで、２０１６年の完成を目指す。新たに３５００人の雇用を生み出すという。エジソン社は２００８年には大型店や巨大な倉庫などの屋上を大量に借りてソーラーパネルを設置。16万戸分の発電を始めている。完成披露の会見にはシュワルツェネッガー知事も出席した。

「私は自然エネルギーの熱狂的な支持者だ。電力会社にもっと使うように求めている」

そう言って自身の温暖化対策にかける熱意をアピールした。

さらに州中部のサンフランシスコを拠点とする電力会社PG&E社は2008年にソーラーパネルを使った大規模な発電施設の建設計画を発表している。こちらは800メガワット。完成すれば太陽光発電所としてはダントツで世界最大だ。

巨大プロジェクトばかりではない。ロサンゼルス教育委員会は小中学校の屋根に2012年までに50メガワットのソーラーパネルを設置することを決めている。

大学でもソーラーパネルを大量に設置したり、校舎の省エネ化を始めたりと様々な取り組みが行われている。カリフォルニアでは市民の意識の高まりを背景に様々なレベルでの動きが加速している。

失業者が殺到する職業訓練所の「ソーラーパネル講座」

ロサンゼルスの中心部近くに教育委員会が運営している職業訓練所がある。「東ロサンゼルス技術センター」だ。この中心部周辺は総じて治安が悪い。悪い地域を見分ける簡単なポイントは住宅の窓に鉄格子がついているかどうかで、さらに悪くなるとコンクリート塀の上に鉄条網がついている。そして塀には各ギャングのマークがスプレーで落書きされているのが常だ。訓練所周辺もまさにそうした地域で、正直言って夜はあまり近づきたくないエリアだ。住民はヒスパニック系がほとんどで、近くにはタコスやブリトーを売るスタンドがあり、なかなか美味しいし、そのうえ、値段も安い。ロサンゼルス市民の50%はヒスパニック系住民。市長もヒスパニック系だ。いずれヒスパニックが最大勢力になるといわれるアメリカでも、特にその現象が進んでいるのがこの街だ。この訓練所で、ソーラーパネルの設置技術の講座が設けられているというので取材に訪れた。ここでも、生徒のほとんどがヒスパニック系住民。校舎はコンクリートの3階建てで、一見普通の学校のようだが、中では電気工事技師や美容師など様々な職種の訓練が行われている。連日、多くの男女で溢れ非常に活気がある。ソーラーパネル設置の講座は1クラス40人ほどで、30代ぐらいの男性がほとんどを占めていた。どの受講者も皆真剣だ。われわれが訪れたとき、講師のラリー・カルデロン氏が黒板に回線図を書きながら授業をしているところだった。われわれに気付いたラリーは話を止め、「ハーイ!」と笑顔でこちらに挨拶してくれた。

「日本のテレビ局が授業の取材に来たぞ。みんな日本で放送されるぞ」

受講生たちにラリーが紹介してくれると、皆笑顔でこちらに挨拶してくれた。われわれも軽く手を振りながら「ハロー」と挨拶した。ヒスパニック系で長身のがっしりとした体形のラリーは、ほんの数か月前までソーラーパネルの設置業者に勤めていたほぼ現役だ。

「なぜ、会社を辞めて講師を？」と聞くと、「どんどん成長しているこの産業は多くの働き手を求めている。一方でこの訓練所の多くの受講生は最近解雇された人たちだ。希望を持てる仕事を探している。そうした人たちを指導するのはやりがいがあるんだ」と熱く語ってくれた。

エネルギッシュで笑顔が絶えず、次々と飛んでくる生徒からの質問に熱心に答えるナイスガイで、受講生たちにも慕われている。講座は、電気回線やその原理などの授業と実技の両方からなる。授業内容は難しく、受講生たちは電話帳のような分厚いテキストを広げ、ノートを取りながら熱心に耳を傾ける。そしてわからないことがあればすぐに質問し、疑問を残さないぞ、という受講生たちの気持ちが感じられた。実技になるとさらに熱気に包まれる。教室内には住宅の屋根の部分や電気メーターがついた壁などが設置されていて、そこで大勢の受講生が思い思いに訓練を行うのだ。今日は配線を身につけよう、今日はパネルの取り付け方法だ、と自分で決め、わからなければ受講生同士で教え合ったり講師に聞く。講座を終えればプロとして生きていかねばならない。この不況で失業した人たちが多く、残りはすでにパネルの設置業者で働いていて資格を身につけようという人たちや、自ら設置業を立ち上げようという人たちだという。それぞれ事情は異なるが、皆非常に熱心だ。そうした様子を見ているうちに、首筋などに刺青をした人がやけに多いことに気付いた。元ギャングのメンバーたちだ。聞けば、ギャングの更正施設を通して受講に来ている人も多く、受講者の30％に上る。顔にも刺青を入れている男。１５０キロはあろうかという巨漢だが、人懐っこくわれわれに話しかけてくる。

「今まではギャングのメンバーとして生きてきて、まともな仕事に就いたことはないんだ。でも、そろそろ自分の人生をなんとかしなきゃ、と思い立ってここに来たんだ。この業界は将来性もあるしね」

ノートにびっしりと複雑な配線図を書きこみ、休憩時間にも講師のラリーをつかまえて、これでいいのか、こういう場合はどうするんだ、と質問攻めにするその姿は、真剣そのものだ。

太陽光発電の将来に人生を重ねて

受講生のひとり、31歳のジミー・クエヤール氏。ヒスパニック系のジミーは、がっしりとしてやや太め。黙っていれば怖そうだが、彼も笑顔が絶えない。住宅のメンテナンス業者に勤めていたが、不況のあおりを受けて、1年前に失業したという。8か月前からこの訓練所に通い始め、近く全過程を修了する。ラリー曰く、非常に優秀な生徒だという。ソーラーパネル業者は次々舞い込む注文がさばき切れなくなっており、多くの業者が即戦力となる技術者を求めてこの訓練校にも訪れている。教室の隣にある講師用の部屋の壁には、設置業者が置いていった名刺が10枚ほども貼られている状態だ。不況で失業し、家を失った人たちをこの直前まで何十人も取材していたので、売り手市場という状態には驚いた。今となっては受講自体が半年待ちだというから、まさに「先んずれば人を制す」である。

ロサンゼルス中心部から車で30分ほどのモンロビア市にあるジミーの家を訪ねた。閑静な住宅街にあり、平屋の小さな一戸建てが通りから奥に3軒ほど並んでいるその一番奥だ。それぞれが日本で言う1ＬＤＫの小さな作りで、一戸建てというよりも長屋のような雰囲気だ。母親と妹との3人暮らしだが、われわれが訪ねたときは日曜日とあって、姪っ子とガールフレンド、それに訓練所で知り合ったというふたりの受講生が来て、家の前でバーベキューをしていた。ジミーはわれわれのために大きなステーキを焼きながら言う。

「この家狭いだろ？　でも月８００ドル（約8万円）なんだよ」

「それは安いね。こうやってバーベキューもできるしね」

ジミーと家族の生活を支えているのは失業保険と行政からの生活補助の合わせて1200ドル（約12万円）。しかし、この失業保険はもうすぐ期限が切れるため、生活はさらに苦しくなる。カリフォルニアの失業率は上がり続け、11％に達しており、普通ならとても新しい仕事が見つかる状況ではない。しかし、ジミーはすでに2社から誘いを受けた。だがそれは断り、小中学校の屋根にソーラーパネルを設置するロサンゼルス教育委員会のプロジェクトで働くつもりだ。

「息子はいい職種に目をつけたわ。環境にもやさしいし良いことよ」

母親のテレサさんも、息子は先見性があるでしょ、と言わんばかりに褒める。

「学校のプロジェクトの後は、デザインなんかも手がける自分の会社を始めたいんだ」

ジミーは太陽光発電の未来に自分の人生を重ね合わせているようだった。

（ロサンゼルス支局・花澤雄一郎）

＊1　「自然エネルギー」という言葉は、英語のRenewable Energyの訳語である「再生可能エネルギー」とほぼ同義。石炭・石油などの有限な化石燃料に対して、自然界で起こる現象から取り出すエネルギーの総称。具体的には、太陽光・風力・地熱・バイオマスなど。

第2章　風力発電で地域を再生する

「石油王国」テキサスの変貌

　アメリカの中で最も風力発電導入量が多い州は、テキサス州だ。２００８年は７１１６メガワット。石油の一大産地として有名なテキサス州だが、風が強く土地も広いため、風力発電にも適した土地といわれている。州政府も、電力会社に自然エネルギーの導入を義務付けるＲＰＳ（Renewable Portfolio Standards）という制度で、州独自の自然エネルギーの目標値を定め、普及政策を推し進めてきた（テキサス州では２０１５年までに自然エネルギーの割合を約５％にすると制定。なお、日本でもＲＰＳは導入されているが、２０１４年までに１・63％と目標値が低い）。

　テキサス州はとにかく広い。面積はおよそ70万平方キロ、日本のおよそ倍の広さだ。広大なテキサス州で、どこの風力発電所を訪れるべきか。取材を進めていくと、「風車で活性化した町」があるということがわかってきた。その名は、ロースコー。初めて聞く地名だが、そこでは現在世界最大級の風力発電所が建設中だという。私たち取材班は、ダラス・フォートワース空港から西に350キロ、ロースコーへ車で向かった。

一面に綿花畑が広がるロースコーに着いてまず目を見張ったのは、高さ100メートルほどの風車がずらりと林立する光景だった。その数500基あまり。これらの風車はすべて、わずか2年足らずで建てられたものだという。1日1本のペースでつくられていることになる。なぜこの地に巨大な風力発電所が誕生することになったのか。

ロースコーの人口は1400。綿花栽培を主産業とする農村地帯で、近年過疎化が進んでいた。風車の建設が始まったのは2007年だが、2009年の夏までに627基が建てられ、発電量781・5メガワットという世界最大級の風力発電所が完成する予定だ。1万5000ヘクタールの広大な敷地は、400人の農家が農地を貸しているという。風車は従来、丘陵地や放牧地などに建てられることが多いが、平地の綿花畑に建てられているのもロースコーの特徴だ。風車に農地を貸している農家は、綿花の栽培を続けながら、風力発電会社から借地料ももらっている。契約期間は50年で、何世代にもわたり、その恩恵を受けることができるシステムだ。

「風車の町」の誕生は、たったひとりの農家の呼びかけから始まった。代々ロースコー

テキサス州ロースコー、広大な土地に林立する風車

で綿花を栽培してきたクリフ・エサレッジさん（66歳）だ。エサレッジさんは、1年を通して南西から吹きつける強い風をずっと呪ってきた。風は、土地を乾かし、砂嵐を巻き起こし、作物をダメにするからだ。しかし、2004年、隣町に建てられ始めた風車を見て、「このやっかいな風を活かして、風力発電所を誘致できないか」と考え始める。独学で勉強を始め、自宅の敷地内に5000ドル（約50万円）の私財を投じて、風況計（風の状況を計る装置）を設置、風の詳細な観測を始めた。その一方で、広い土地を確保するために、エサレッジさんは地元の農家仲間に声をかけて賛同者を増やしていった。保守的な考えの人が多い土地柄のため、「風力発電所の誘致」とい

うまったく新しい計画に対して、当初は理解を得るのに苦労したという。

「ここにずっと暮らしてきた人は『変化』に対して必ず抵抗します。そんな彼らに計画を説明し、納得してもらうために、直接会って話をしました。何度も会合を重ねて、風車を建てることのメリットとデメリットを情報公開して、みんなで同じ情報を共有しながら進めていきました」

エサレッジさんは、ロースコーの詳細なデータを携え、ニューヨークに赴いて誘致活動を行った。2005年、テキサス州への進出を検討していたアイルランドの風力発電会社エアトリシティと契約が成立。2007年3月から建設工事が始まった。

風車によって生まれ変わった過疎の町

ロースコー風力発電所は4つの区画に分かれている。第1区画は三菱重工製の発電量1メガワットの風車が209基、第2区画はシーメンス製（ドイツ）の2・3メガワットの風車が55基、第3区画はGE製（ゼネラル・エレクトリック、アメリカ）の1・5メガワットの風車が166基、第4区画は三菱重工製の1メガワットの風車が197基建てられる。627基のうちの406基、実に3分の2が日本製だ。

発電所は現在、ドイツの大手エネルギー会社のイーオンがエアトリシティから権利を買い、運営を行っている。発電された電力は地元の電力会社に売られている。私たちが訪れた2009年3月上旬には、第1区画から第3区画までが完成、第4区画も半分ほどが建てられていて、残り半分の工事を残すのみとなっていた。第1区画と第2区画ではすでに発電が始まっており、第3区画も試験運転が行われていた。

このおびただしい数の風車がわずか2年で建てられたというスピード感に、ただただ圧倒される。ロースコーは土地が平らなため、資材の運搬やクレーンなどの大型重機の搬入が簡単なことと、地震がないので日本よりもシンプルな耐震構造で建てることができるためだという。

工事が始まってわずか2年で、町は激変した。道路建設、基礎工事、資材運搬、型枠づくり、コンクリート打設、風車本体の組み立て、メンテナンス、警備など、様々な仕事が生まれたのだ。ほかの都市から専門の技術者が期間限定で来る場合もあるが、仕事を求めてロースコーに移り住む人も増えてきたという。その結果、失業率が0%になり、人口の流出が止まって、減り続けていた学校の生徒数も増加に転じた。「すべて風車のおかげ」と、エサレッジさんは言う。

農地を風車用に貸すことで、農家にはどんな影響があるのか。エサレッジさんにメリットとデメリットを尋ねてみた。まずデメリットは以下の3点だという。

1 風車の設置のために3〜5%の農地が畑として使えない

2 送電線があるために農薬の空中散布ができない

3 風車の位置によっては農地を正方形に使えなくなるため、トラクターの運転効率が悪くなる

一方のメリットは安定した収入だ。農家には、風車の発電量に応じて借地料が支払われる。金額は、1メガワット当たり年間3000〜4000ドル（約30万〜40万円）。三菱重工製の風車は1基の発電量が1メガワットのため、1基につき年間3000から4000ドルの収入となる。エサレッジさんは1メガワットの風車3基に農地を貸しているため、年間で9000から1万2000ドル（約90万〜120万円）の借地料を得ている。「デメリットがちっぽけと思えるほどの十分な収入」だと言う。

私たちは、エサレッジさんに案内されて、風力発電によって大きな恩恵を受けたという綿花農家のシャレットさんを訪ねた。夫のアーネストさんは86歳、妻のジャネットさんは85歳。エサレッジさんの呼びかけに賛同して、14基の風車に農地を貸している。2008年、ロースコーは干ばつに襲われ、シャレットさんは綿花の収穫がまったくできなかったが、風車の借地料で5万ドル（約500万円）ほどの収入を得ることができ

た。1950年代に干ばつがあった時は、夫のアーネストさんはロースコーから50キロほど離れた油田に出稼ぎに行かなければならなかったという。

「あの頃は、みんな雨を待ちながら油田で働いたんですよ。でも、今は風車のおかげで収入が安定しています。これで老人ホームのための貯金もできますよ」とアーネストさん。

「ようやく風が好きになりました」と妻のジャネットさんも微笑む。

風車はロースコーの学校にも思わぬ変化をもたらした。小学生から高校生まで300人が通う公立学校は、ここ20年、生徒が毎年減っていたが、2008年は40人もの生徒が転入してきたのだ。転入生の親のほとんどが、風力発電関係の仕事に就いているという。

風車が見える校庭で、子どもたちに尋ねてみた。

——ロースコーは風車の町として知られているけど、どう思う?

「Cool!(かっこいい!)」

子どもたちは、ちょっと誇らしげに答えた。

風力発電は、さらに、学校の財政面でも様々な効果をもたらしている。テキサス州では生徒ひとり当たり年間5000ドル（約50万円）の予算が学校に配分されるため、2008年は40人分、つまり20万ドル（約2000万円）多い予算が配分された。また、風力発電という新しい産業ができたことで土地の資産価値が高まったため、教育委員会が550万ドル（約5億5000万円）の学校債の発行を承認。学校は、そのお金で技術センターを建てることを計画している。さらに、風力発電会社から支払われた一定の税金が学校に入るため、その収入をカレッジ・スクールの建設費と授業料に充てる予定だ。「風車には本当に大きな恩恵を受けています」と教育長のキム・アレキサンダー氏は語る。

2年前まで、どこまでも平らな地平線が続いていたロースコーは、今、100メートル級の風車が林のようにそびえ立ち、地平線の景色が一変した。この風景を立役者のエサレッジさんはどんな思いで眺めているのか。最後に尋ねてみた。

「この光景を見るたびに、〝Dreams come true.（夢は叶うのだ）〟と実感します。私たちは地平線の景色を物理的に変えただけでなく、人びとの考え方や暮らしも180度変えたのです。長年農家を悩ませていた風が、今では売ることができ、お金になります。私には、風の音がお金の音に聞こえますよ」

豊かな風、広大な土地、そして風力発電に協力的な地主。風力発電会社にとって好条件が三拍子揃っているロースコーでは、新たな風力発電所の計画も進行中だ。自然エネルギーへの投資は経済効果がすぐ表れる——ロースコーの激変ぶりを取材して、そう実感した。

風力発電世界一に躍り出たアメリカ

自然エネルギーの中で最も発電導入量が多い風力発電。その導入量は世界中で毎年急増している。

世界風力会議（Global Wind Energy Council）によると、2008年、全世界の風力発電導入量は12万798メガワットで、労働者の数は40万人に上るという。国別の導入量では、

1位　アメリカ——2万5170メガワット
2位　ドイツ——2万3903メガワット
3位　スペイン——1万6754メガワット
4位　中国——1万2210メガワット

5位　インド――9645メガワット

この上位5か国で、全世界のおよそ73%のシェアを占めている。

なかでも、特に導入量が増えているのがアメリカだ。2008年、アメリカは初めてドイツを追い抜いて、世界1位に躍り出た。国内の労働者数も8万5000人に増え、石炭関係の労働者の8万人を上回っているという。自然エネルギーと既存エネルギーの逆転現象が起きているのだ。

アメリカでは、PTC（Production Tax Credit）と呼ばれる風力発電に対する税制の優遇措置がある。風力発電の量に応じて、電力会社の税金が控除されるという制度だ。向こう3年で自然エネルギーを倍増させる目標を掲げているオバマ大統領は、就任早々、これまで1年ごとに更新していたPTCの制度を3年間延長すると宣言。風力発電会社が長期的な投資を行いやすいように環境を整えた。これにより、2009年、アメリカではますます風力発電所の建設が進み、新たな雇用が生まれると予想されている。

地球温暖化、経済危機、エネルギーの安全保障。これらの危機を解決するためにオバマ大統領が打ち出している自然エネルギーの促進策。連邦政府に先んじて、すでに自然エネルギーへの産業転換を進め、雇用効果を出している州がある。私たちは、いわば

世界の風力発電導入量

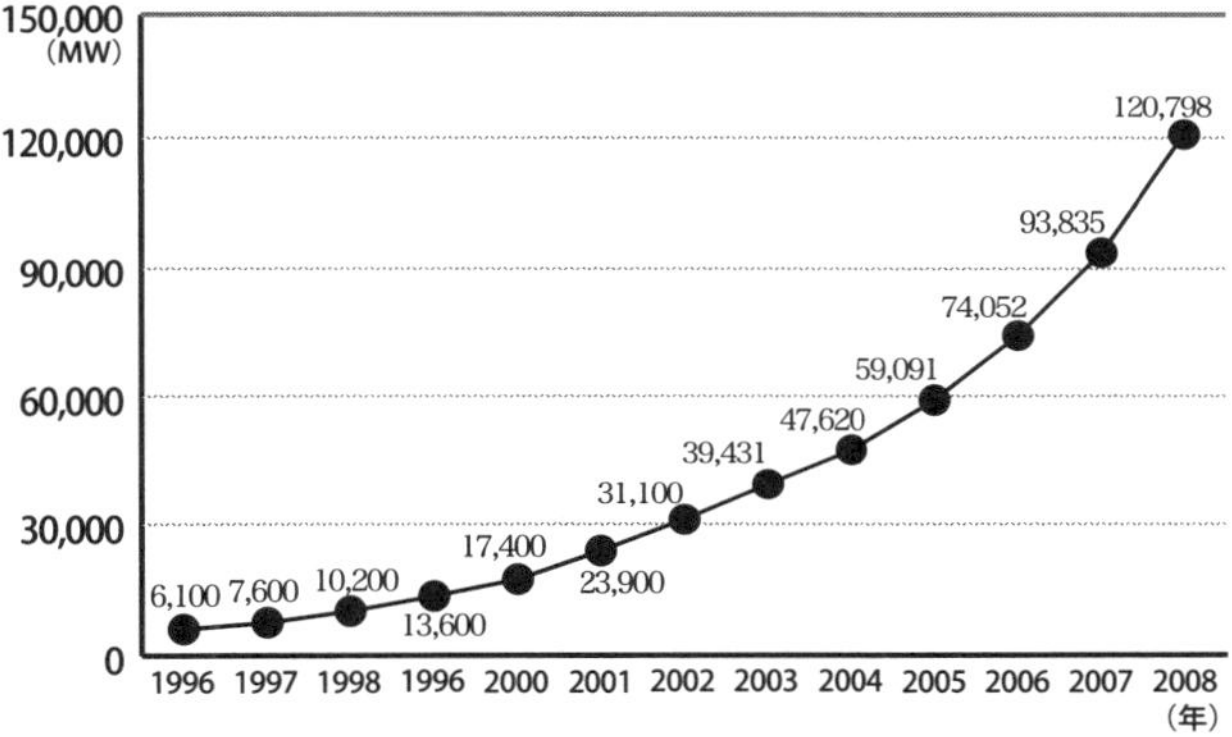

（1996-2008年累計　Global Wind Energy Council 調べ）

2008年の各国別風力発電導入量

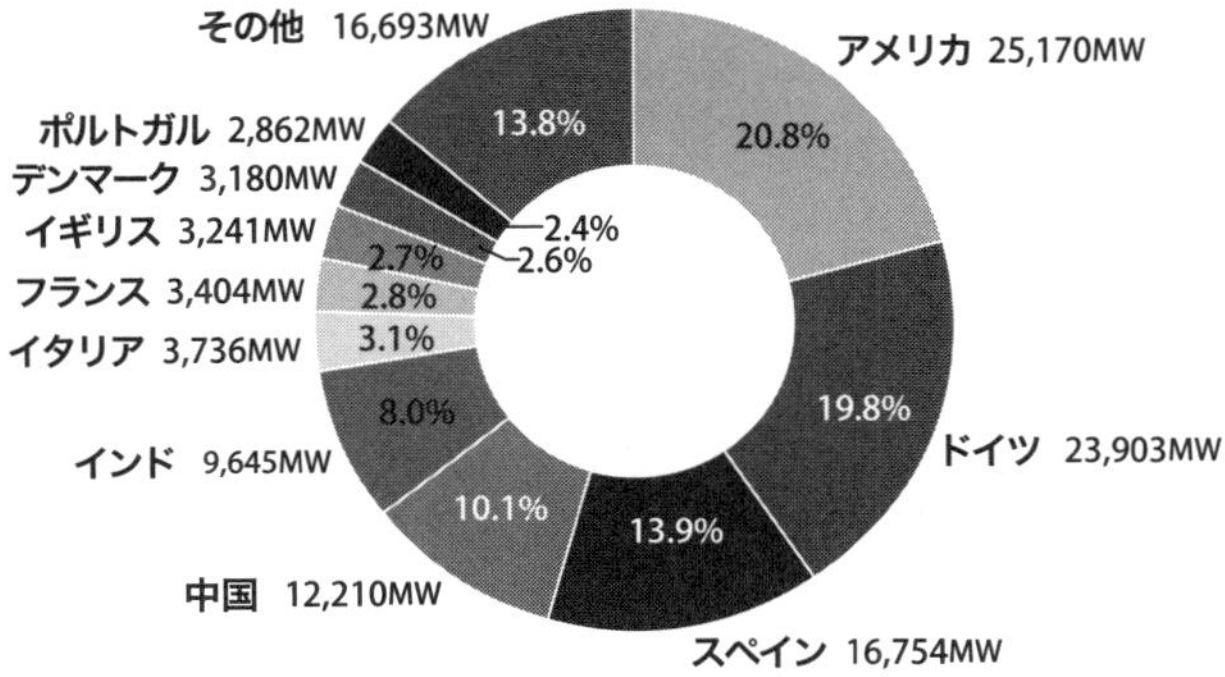

（Global Wind Energy Council 調べ）

アメリカの風力発電導入量

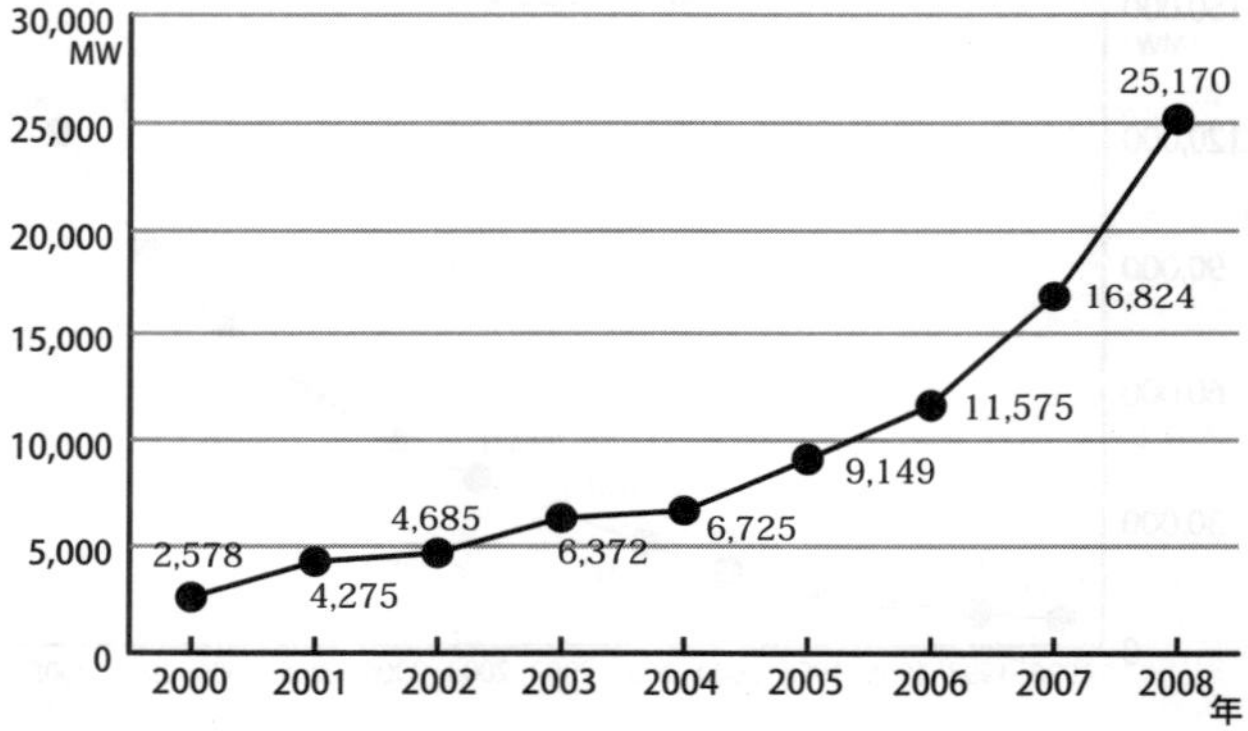

（2000-2008　Global Wind Energy Council 調べ）

「オバマを先取りした州」を訪れることにした。

鉄鋼から風力へ　州政府の指導力で産業転換

ニューヨークとワシントンＤＣの間に位置するペンシルベニア州は、20世紀、鉄鋼と石炭で栄えた州だ。しかし、ブッシュ政権の頃から州レベルで自然エネルギーの開発を積極的に推し進め、「西のカリフォルニア、東のペンシルベニア」といわれるほど、独自のエネルギー戦略を打ち立ててきた。

取材班がまず訪れたのは、州都ハリスバーグから車で2時間ほどのところにある炭鉱。石炭は今でもペンシルベニア州の主要な輸出資源だが、その炭鉱に隣接する丘の上には風車が次々と建てられていた。自然エネルギーを増やしていく政策を打ち立てているペンシルベニア州では、炭鉱の収益で次世代エネルギーの開発を進めているという。さらに興味深いことに、設置されている風車は〝メイド・イン・ペンシルベニア〟。自然エネルギーを増やすために、風車まで州内でつくろうというペンシルベニアの戦略は、どのように生まれたのか。

かつて、ペンシルベニア州の主要産業は鉄鋼業だったが、１９８０年代から衰退が始まり、工場が相次いで閉鎖された。２００３年の失業率は５・７％にも上っていた。経済の低迷が続くなか、２００３年、エドワード・レンデル氏が知事に就任。知事は次々と景気刺激策を打ち出していく。その要が「化石燃料に代わる新エネルギーの開発」だった。私たちの取材に対して、レンデル知事は次のように語った。

「これから先20~25年は、新エネルギー源の開発が経済の原動力になるでしょう。経済成長のためには、自然エネルギーを主要部門として保有することが不可欠なのです」

自然エネルギーを新たな産業として育成していくために、レンデル知事は環境政策に詳しいブレーンを採用した。クリントン政権で大統領顧問を務め、副大統領のアル・ゴア氏とともに、環境政策を推し進めた経歴を持つキャサリーン・マクギンティ氏だ。

「自然エネルギーを増やし、雇用も創出する」。一石二鳥をめざすレンデル知事とマクギンティ氏がまず取り組んだことは、「風車を自前でつくる体制」を整えることだった。

レンデル知事から風力発電機メーカーの誘致活動を一任されたマクギンティ氏は、世界第2位のシェアを持つスペインのガメサの工場誘致に乗り出した。港に面したUSスチールの工場が閉鎖され、多くの労働者が失業していたペンシルベニア州では、広大な工場用地と豊富な労働力を抱えていたため、この資源を活かすための新たな産業も探していたのだ。

ガメサもアメリカ進出を計画しており、工場建設地として当時複数の州を検討していた。そのなかには、先述のテキサス州も含まれていたという。レンデル知事とマクギンティ氏は、ガメサの工場を誘致するために、大胆な政策を実行する。「州が風車の市場を確保する」ことを法律で定めることにしたのだ。2004年、ペンシルベニア州では独自のRPSを制定。「2021年までに発電に占める新エネルギーの割合を18％に高めること」を法律で義務付けた。これにより、電力会社は、風力や太陽光など自然エネルギーで発電された電力を強制的に買わなければならなくなり、自然エネルギーは新たな、そして成長が確実な市場になった。

RPSを法律で定めた狙いについて、マクギンティ氏に尋ねた。

「ガメサが求めていたのは、自社のタービンを売るための有望な市場でした。風車はひとつひとつの部品が巨大なので、設置される場所の近くで部品が製造できるとコスト面で非常に大きなメリットになります。そのため、風力発電市場の不安定さを取り除き、風車が設置される場所の近くで製造できることを証明すれば、ガメサにとって、魅力的な要因になると思ったのです」

交渉を始めて数か月後、ガメサはペンシルベニア州への工場進出を決定した。ガメサUSA会長のジュリアス・シュタイナー氏は、ペンシルベニア州を選んだ理由をこう語る。

「ほかの州よりも市場に近いことが大きな利点でした。港湾施設も整備されていたこと、重機の取り扱いに慣れている労働者が豊富にいることも魅力でした。何より、知事をはじめ州の熱心な協力体制が一番の決め手でした」

元鉄鋼所労働者が「グリーン・カラー」に

2006年、ガメサの風車製造工場がオープンすると、新たに1000人の雇用が生まれた。州内には現在ふたつの工場があるが、ひとつはUSスチールの閉鎖された工場がそのまま使われている。労働者の中には、USスチールの元社員も少なくない。トロイ・ギャロウェイさん（46歳）もそのひとりだ。2000年に長年働いていたUSスチールを解雇され、その後、収入が不安定な生活を続けていたが、3年前からガメサの工場で働いている。鉄鋼所で培った技術を活かすことができ、環境にも貢献できる仕事に誇りを感じているという。

「今のような景気では、安定した仕事が一番です。また、環境や子どもたちの未来、世界のために働いていると思えるので、気持ちのいい仕事です」と晴れやかに話す。

ペンシルベニア州では、自然エネルギーをさらに増やしていくために、2008年、6億5000万ドル（約650億円）の基金を創設した。さらにオバマ大統領の景気対策法が州にとって追い風となっている。

「オバマ大統領は自然エネルギーがアメリカ経済の将来の一端を担わなければならないことを認識しています。オバマ大統領のおかげで、ペンシルベニア州の産業は間違いなく成長していくでしょう」

レンデル知事は、未来への展望を熱く語った。

州政府と連邦政府の支援策を受けて、経済危機の中、ガメサは工場の拡張を計画している。知事と同様にガメサUSA会長のシュタイナー氏も、オバマ大統領のエネルギー政策に期待を寄せている。

「オバマ大統領の自然エネルギー、とりわけ風力に対する政策は、わが社にとって非常に有利です。ガメサUSAの将来はとても楽観的で、無限の可能性が広がっています」

実は、大統領選挙期間中の2008年3月、オバマ大統領は元鉄鋼所だったガメサの風車製造工場を訪れ、タウンミーティングを開いている。労働者と4時間にわたり直に語り合ったことで、自然エネルギーの経済効果を実感したのかもしれない。

工場訪問の記念にオバマ大統領が風車の羽根にサインをしたという話を耳にしていたので、シュタイナー氏に「どこにあるのですか」と尋ねると、意外なことに「ここにはない」という。なんでも「出荷に追われて、いつの間にかなくなってしまった」とのこと。

鉄鋼の町から風力の町へ――。ペンシルベニア州のどこかで、今日もオバマ大統領のサイン入り風車が回っている。

（衛星放送・坂牧麻里）

第3章　次世代電力網「スマート・グリッド」の衝撃

「賢い送電網」の登場

最近、アメリカでは「スマート」という言葉がひとつのブームになっている。といっても、「痩せてスリム」という意味ではない。

「スマート道路」（渋滞を事前に予測して表示）、「スマート・ブリッジ」（崩壊の危険があると自ら知らせる設計）など、従来のインフラに情報技術を組み込むことによって、様々な問題を自律的に解決し、より効率の高いシステムに生まれ変わらせる——そんな場合に、この「スマート＝賢い」という言葉がしばしば登場する。

なかでも、いま最も注目を集めているのが「スマート・グリッド」、直訳すれば「賢い送電網」だ。

従来の送電網は、基本的に電力会社の大きな発電所でつくった電気を家庭やオフィスなどの消費者のもとへ一方的に送るという考え方でできている。しかし、スマート・グリッドでは、送電網にITを組み込むことによって、電気と情報を双方向で流すことができるようになるのだ。

コロラド州ボルダー市の実験

このスマート・グリッドをいち早く実際に使い始めた都市がある。コロラド州ボルダー市。マラソン選手の高地トレーニングで名高い、高原の大学都市だ。2008年、ボルダー市は、地域エネルギー供給会社のエクセル・エナジー社とともに、市内5万か所をスマート・グリッドで結ぶ「スマート・グリッド・シティ」プロジェクトをスタートさせた。

町をスマート・グリッド化するためには、まず、電力を使う各家庭やオフィスに「スマートメーター」と呼ばれる電気メーターを取り付ける。このメーターが、家庭の電力使用状況を細かく計測、もしソーラーパネルがある場合は発電量の情報もあわせて電力会社に送るのだ。

スマートメーターを取り付けることは、各家庭にも様々なメリットをもたらす。自分の家庭の電力が、それぞれの家電にどれくらい使われているのか、グラフで表示されるようになるため、省エネがやりやすくなるのだ。

従来型の送電網（イメージ図）

スマート・グリッド（イメージ図）

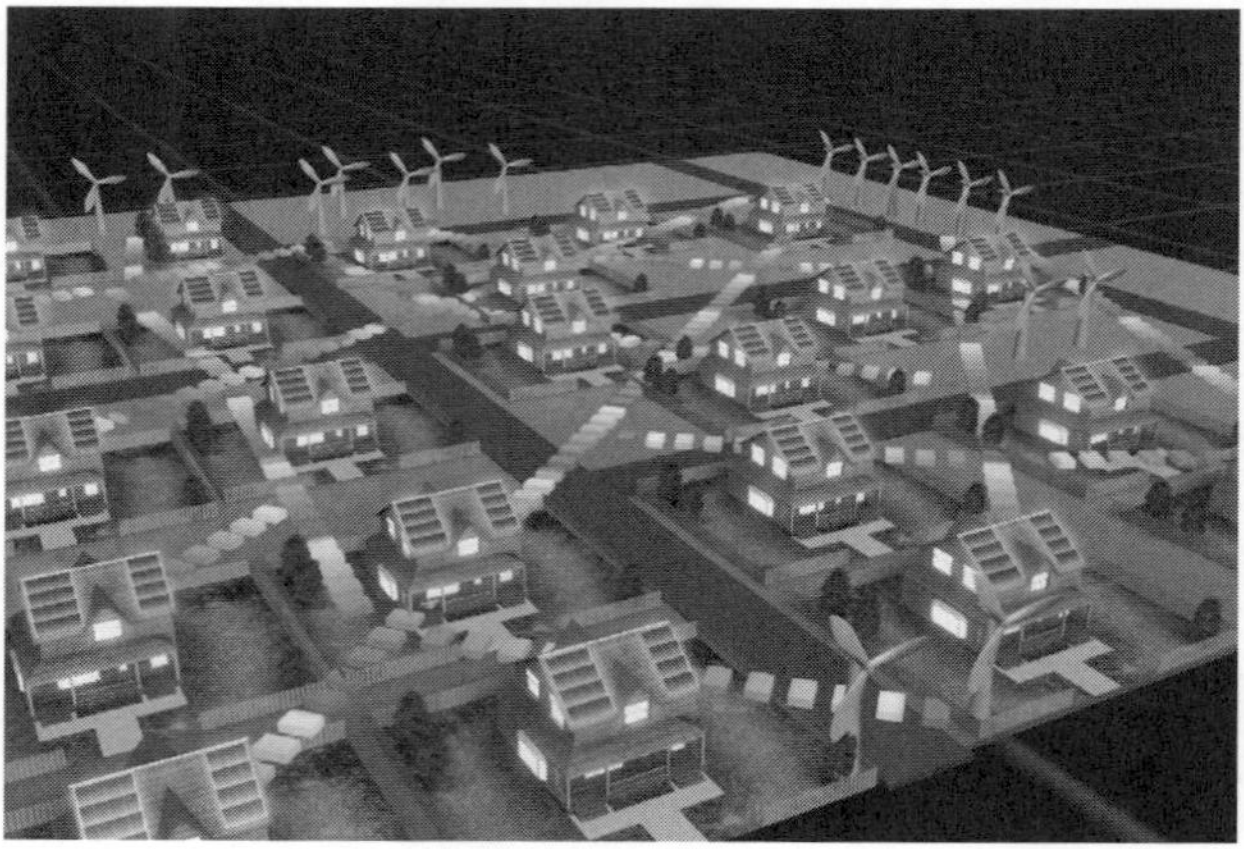

このメーターをボルダーで最も早く取り付けたデニス・アウフマンさんとジュリーさんの夫妻も省エネ意識に目覚めたという。

スマートメーターに表示された電力使用の内訳を見て夫妻が驚いたのは、衣類乾燥機に多くの電力を使っていたことだった。夫妻は相談の上、衣類を外に干して乾かすようになった。

「実は太陽のほうが早く乾くんですよ。コロラド州は空気がとても乾燥しているので、なんでも早く乾きます。服を干せば2時間後にはみんな乾いているのです。始めてみると意外に楽でした。干して出かけてしまえば、服を取り出すために乾燥機が停まるのを待っていることもないですしね」と夫妻は私たちに語ってくれた。

日本では当たり前の洗濯物の天日干しだが、アメリカではようやく最近になって、「エコな家事の方法」として実践されるようになっている。電力使用の「見える化」が、消費者の意識を変えつつあるのだ。

電力網とインターネットの融合

エクセル・エナジー社の副社長レイ・ゴーゲル氏は、スマート・グリッドのユーザー側のメリットについて、こう語る。

「スマート・グリッド・シティは、エネルギー産業における世界最大の技術革新です。私はこれを、電気を人びとに送り届けることを可能にしたトーマス・エジソンの世界とビル・ゲイツのインターネットの世界の融合だと思っています。現在の電力の販売の仕方を考えてみてください。ほかの商品を買う場合、たとえばスーパーマーケットに家族を連れていって『みんな何でも買いたいものを買いなさい』と言ったとします。ところが、ひとつひとつの品物に値段がついていなくて、レジの人には『あとで請求書を送ります』と言われます。そして1か月後に全部まとめた請求書が届くとしたらどうですか。あなたは『大変だ。こんなにお金は払えない。でも、何に使ったのか全然わからない！』ときっと思うはずです」

これに対し、スマート・グリッドでは、自分がいつ、何に、どのくらい電気を使っているのかが、詳しくわかるようになる。無駄な電気の使い方を簡単に知ることができ、省エネが進むというわけだ。

また将来的には、個別の家電がスマート・グリッドからの指令でON／OFFをすることができるようになるため、電気の使用法の様々なメニューが選べるようになるという。たとえば、なるべくクリーンな電気を使用したい「エコ優先」コースの顧客は、風力発電の電気がグリッドを流れている時間に食器洗い機を自動的に動かせるように選ぶことができる。また、なるべく電気代を節約したいという「価格優先」コースの顧客は、夜間の最も電力の安い時間帯に、洗濯機や冷蔵庫の霜取り運転を自動的に行うよう設定できる。

電気自動車とスマート・グリッドの融合

さらに、ボルダー市では、電気自動車とスマート・グリッドを組み合わせた新しいサービスの実験も始まっている。

「スマート・ホーム」と名付けられた実験住宅では、昼間ソーラーパネルで起こした電気で、家庭用電源で充電可能なプラグインハイブリッド車を充電する。ハイブリッド車なのでガソリンを使うこともあるが、もし将来これが電気自動車になれば、自然エネルギー100%での自動車走行が可能になる。

ここまでは、日本でもすでに実験が行われているが、ボルダー市はさらにその先を始めた。たとえば、天候の悪い時や電力使用のピークの時間帯に電力需要が逼迫した際、駐車中の車のバッテリーから電気を送電網に逆流させられる機能をつけたのだ。将来的には、顧客が、電力会社からの「電気を売ってほしい」というシグナル（たとえば携帯電話にメッセージが送られてくる）に応えれば、電気料金よりも高い価格で電力を逆

「販売」できるようになる。それでも、電力会社にとっても、突然のピーク電力に対応する追加の発電所をつくるよりはメリットがあるという。

この「自動車からグリッドへ（Vehicle to Gridの頭文字をとってV2Gと呼ばれる）」というコンセプトは、自然エネルギーを大量に使っていく社会を構築するために考えられているアイデアだ。天候によって変動の多い自然エネルギーを無駄なく使うためには、バッテリーに貯めるのが最適だが、バッテリーは非常に高価なため、その普及には多額の費用が必要となる。そこで、スマート・グリッド技術を使うことによって、高性能な電気自動車のバッテリーを「町全体の蓄電池」として使っていこうという発想なのである。

実際、1日のうちで人びとが自動車を使っている時間はわずかで、ほとんどの時間帯はどこかに駐車している。家庭やオフィスのみならず、町中の駐車場にグリッドとの接続ポイントが設置されれば、自動車の充電にも、「売電」にも便利なうえ、町全体としても電気を貯蔵する容量を飛躍的に大きくすることができるだろう。

GEとグーグルも参入

このスマート・グリッド・シティ事業の規模は1億ドル（約100億円）。エクセル・

エナジー社も2000万ドル（約20億円）を投資している。今のところは顧客の反応を見ながら、徐々にサービスの構築と浸透をはかっている段階で、「顧客にメリットを示すことができてから、どうやって資金を回収するかを考える」（ゴーゲル副社長）という。

スマート・グリッドに多額の投資を始めているのは、エクセル・エナジー社だけではない。2009年の1月、全米を熱狂の渦に巻き込む恒例のスーパーボウルのテレビ中継で、巨大企業GE（ゼネラル・エレクトリック）がつくったスマート・グリッドのCMが流れた。

『オズの魔法使い』に登場するカカシのキャラクターが送電網の上を踊りながら、「もし、僕に脳味噌があったら……」と歌い、「GEはスマート・グリッドを使って、電気をもっと効果的に『知的に』お届けします」とたたみかける。GEのスマート・グリッド事業への参入宣言だ。

GEは、2008年9月、IT大手のグーグルとともにスマート・グリッドの関連技術とサービスの共同開発に取り組むことを発表した。もともとGEは、電気の「川上」である発電・送配電事業と、「川下」の家電事業で大きな実績を築いてきた。そこに、グーグルの情報技術、特にエンドユーザーとのコミュニケーション技術を融合することで、まったく新しい事業を築こうというのである。

ＧＥのスマート・グリッド開発リーダーであるジェアン・デ・ベッドアウト氏は次のように語る。

「グーグルとのパートナーシップでは、互いの企業の最高の能力を活用しようとしています。これからスマート・グリッドの進化が始まるのです。電力会社と消費者のコミュニケーションはより双方向で密接なものになっていきます。各国で今後、風力発電や太陽光発電を組み込んだ送電網が構築されていきますが、スマート・グリッドによって、複雑な各種のエネルギーを統合して、最適化し、コントロールできるようになるのです」

グーグルが担当するのは、電気の使用状況を消費者に伝えるためのソフトの開発だ。すでに、「グーグル・パワーメーター」というプロトタイプを発表している。それを使うと、ユーザーはほぼリアルタイムで自分の家庭の電力使用状況（何にどれくらいの電気を使っているか）をビジュアルに把握でき、省エネの参考にできるというわけだ。

オバマ政権の追い風もあって、スマート・グリッド事業には、電力、家電、ＩＴ、自動車などの様々な業種の参入が相次いでいるが、実はもともと、アメリカの送電網は老朽化が進み、漏電や停電も多いため、更新の時期に来ている。いち早くスマート・グリッド技術を開発すれば、全国規模の次世代のインフラ整備という巨大な市場への参入ができる。

　また、電力会社にとっては将来の生き残りをかけた投資でもある。将来、ソーラーパネルが各家庭に急速に普及すれば、顧客が電力会社に支払う料金は、劇的に減る時代が来る。前述のボルダー市に住むデニス・アウフマンさんの家庭では、ソーラーパネルの設置によってひと月の電気代は3ドルに減ったという。エクセル・エナジー社のゴーゲル副社長は次のように語る。

「それ（電力料金収入が減ること）が一番の問題です。われわれは新しいビジネスモデルを考え出さなければなりません」

　単に「電力」を売ることではなく、顧客に様々なメリットをつくり出すことで「サービス」を売る方法を考えなければ、大企業といえども、「グリーン・ニューディール後」の時代に生き残っていくことはできないと考えているのである。

アメリカ全土をスマート・グリッドで結ぶ

　オバマ大統領は就任後初めての演説で、「自然エネルギーで生み出した電気を送るための送電網を３０００マイル（約４８００キロ）建設する」と表明、さらに、景気対策の中でスマート・グリッド整備に１１０億ドル（約１兆１０００億円）の予算をつけた。

環境対策としての新しい送電網建設に、国が乗り出したのである。グリーン・ニューディールがめざす自然エネルギーの急速な普及の実現のためには、スマート・グリッドの整備が不可欠なのである。

では、なぜ自然エネルギーの普及にスマート・グリッドが役立つのか。先述した通り、太陽光発電や風力発電の弱点は発電量が天候に左右されてしまうことだ。火力発電所であれば、人間の都合に合わせて発電量を自在に調整できる。ところが、自然エネルギーは、電力需要が高まるときに、うまく日が照ったり、風が吹いてくれるとは限らない。しかも、自然エネルギーによる発電は「小規模・分散型」だ。発電量を増やそうと思えば、町中の建物の屋根にソーラーパネルを載せ、風の通り道にはたくさんの風車を並べていくことになる。すると天候によって量が変動する電気が、大量に、しかもたくさんのポイントから、一気に送電網に流れ込むことになる。従来型の送電網では制御できなかった、こうした複雑な双方向の電気の流れを可能にするための技術がスマート・グリッドなのである。ＩＴを使って、グリッドに流れ込む電気の量をリアルタイムで把握し、必要とする場所へ的確に配分する――つまり送電網そのものが、ひとつの発電所として機能することになる。町の中の建物は、電気を消費しながら、自らも小さな発電所の役割も果たすのだ。

さらに、各地のスマート・グリッドを全国規模の大容量送電網「スーパー・グリッド」でつなぐのが、オバマ政権が描く近未来図だ。広大な国土を持つアメリカでは、太陽光エネルギーの豊富なカリフォルニア州やネバダ州、風力発電に富むテキサス州など、自然エネルギーの大産地が数多くある。発電した電気はまず地元で消費されるが、大量の余剰分を全国規模の送電網に流し、ニューヨークやシカゴ、ロサンゼルスなどの大消費地に送り込もうという構想だ。実は、アメリカでは、オバマ政権誕生前から、すでに全国をスマート・グリッドでつなぐことで自然エネルギーの使用を拡大しようという動きが始まっていた。２００８年７月には、アル・ゴア元副大統領が「10年以内にアメリカの電力を１００％自然エネルギーにしよう」と呼びかける〝Repower America〟キャンペーンをスタートし、すでに２２０万人（２００９年４月現在）の賛同を集めている。

全国規模のスマート・グリッドが構築されれば、自然エネルギーで起こした電気を余さず使っていくことが可能になる。しかもグリッドの規模が大きければ大きいほど、変動しやすいという自然エネルギーの問題も解決していく。アメリカの広い国土の中では、どこかで日が照り、風が吹いているため、発電量の変動を全体で均《なら》すことができるのだ。西海岸と東海岸で３時間もの時差があることも、このメリットを拡大することになるだろう。

（ＮＨＫグローバルメディアサービス・西川美和子）

第4章　〝グリーンファンド〟〜投資が当たれば利益は莫大〜

世界最大の年金基金も環境投資に

アメリカでの自然エネルギーへの投資額は年々増え続け、２００４年から２００７年までの3年間に12倍に増加。環境バブルとも呼ばれていた。多くの投資家から「ＩＴ産業の次は環境産業だ」と見られていたのだ。しかし、２００８年9月のリーマン・ショック以降、アメリカは急速な景気後退に陥っている。景気後退は投資マインドを著しく低下させ、環境産業にも大きな影響を与えていた。そうしたなか、誕生したオバマ政権は、再び環境産業に勢いを与えようと、投資を政策の目玉として打ち出し、不況脱出の牽引役さえも担わせようとしている。

就任直後の２００９年1月末。高層ビルが建ち並ぶロサンゼルス中心街の高級ホテル。ここで環境産業についての国際会議が行われていた。クリントン政権で通商代表や商務長官を務めたミッキー・カンター氏やノーマン・ミネタ元運輸長官など錚々たるメンバーが出席して、今後の環境産業の可能性を話し合っていた。環境産業の将来性は疑いがない。会議を貫いていたのは、環境産業の今後の大幅な成長は歴史の必然、という認識だ。そしてあらゆる参加者がオバマ新大統領へ高い期待を寄せていた。過剰に慎重になっている投資家も環境産業の現状を冷静に判断できれば再び活発に投資を始める、そのきっかけをつくれるのはオバマ大統領だ。それが参加者たちの思いだった。

世界最大の公的年金基金「カルパース」（ＣａｌＰＥＲＳ　カリフォルニア州公務員退職年金基金）。およそ20兆円に上る巨額の資金とその的確な投資で世界中の投資家に大きな影響を与え続けている。その理事を務めるカリフォルニア州のビル・ロッキャー氏にカルパースの投資計画について話を聞いた。大柄で迫力満点なロッキャー氏は非常に前向きな展望を話してくれた。

「オバマ政権は環境産業と環境保護の分野で今後、リーダーシップを発揮していくだろう。ブッシュ政権とはまったく違う姿勢だ。私たちカルパースは今、環境産業に40億ドル（約４０００億円）を投資しているが、今年、さらに10億ドル（約１０００億円）は投資を増やすつもりだ。そして来年以降もさらに増えていくだろう」

また、同じく会議に参加していたカリフォルニア州のグリーンファンド「ラスティック・キャニオン」のトム・アンターマン代表もオバマ大統領の役割は重大だと話す。

「市場は今、ほとんど凍結したように投資が止まっている状態だ。政府がこの分野に投資をしたり、あるいは投資を勇気づけるような方針を打ち出して、そのブレーキを外してあげることが大事なんだ。その意味でオバマ大統領の影響は絶大だ」

確かに環境産業に対しても投資は停滞している。しかし、オバマ大統領の登場で環境産業に対する市場の期待は逆に以前よりも高まっている。近い将来、大きな産業に成長するという認識が前提となっており、チャンスを逃すまいとする人びとの戦いは、とどまることなく続いている。

シリコンバレーからグリーンバレーへ

アメリカ、特にカリフォルニア州では環境産業に対する巨額投資のニュースが相次いでいる。目を引くのはインターネット検索大手のグーグルだ。創業者のラリー・ペイジとセルゲイ・ブリンは環境問題に熱心なことでも知られ、個人でも環境関連企業に巨額の投資をしている。なかでも有名なのは、ソーラーパネルメーカーの「ナノソーラー」と電気自動車専門メーカーの「テスラモーターズ」だ。

「ナノソーラー」は印刷技術を使った、薄く、低コストのソーラーパネルを開発し、2006年、一躍有名になった。環境産業で先行する日本とヨーロッパに対するアメリカの反転攻勢の合図のようだった。設立当初1億ドル（約100億円）を集めたと話題になったが、2008年にはさらにベンチャーキャピタルなどから3億ドル（約300億円）の投資を得ることに成功している。日本の三井物産も大株主のひとつだ。「テスラモーターズ」は電気自動車専門のベンチャー企業で、2006年に2シーターのオープンカー、2009年にセダンを発表した。ふたつの発表会をともに取材したが、どちらにもシュワルツェネッガー知事が急遽訪れて試乗するなど注目度は高く、シリコンバレーを代表する環境ベンチャーのひとつだ。

グーグルは環境ベンチャーにも積極的な投資を行っているが、そのひとつが「ブライトソースエナジー」だ。太陽光発電を行う企業で、2009年2月、カリフォルニア州南部の電力会社「サザン・カリフォルニア・エジソン」と1300メガワット、およそ85万世帯分の電力を発電し提供する契約を結んだ。世界最大規模の太陽光発電計画だ。「ブライトソースエナジー」は2008年、グーグルやベンチャーキャピタルなどから合わせて1億1500万ドル（約115億円）の投資を獲得したと発表している。さらに電気自動車の充電設備を手がける「ベタープレイス」（第8章後述）は、2009年までの2年間で3億ドル（約300億円）の出資を受け、薄型ソーラーパネルメーカーの「ソリンドラ」は2007年と2008年の2年間で8億ドル（約800億円）、太陽光発電の設備メーカー「オースラ」は1億5000万ドル（約150億円）余りの資金を得た。こうした環境ベンチャーの巨額資金調達のニュースが次々と報じられている。投資を受ける企業のほとんどが設立して数年という歴史の浅い企業だ。そうした企業に日本円で数百億円という資金がどんどん集まっていき、技術開発、設備投資、工場拡張、と進んでいくのだ。そしてここに登場した企業はすべてカリフォルニア州の企業で特にシリコンバレーに集中している。「シリコンバレー」は今や「グリーンバレー」へと移行しつつあるのだ。シリコンバレーは環境ベンチャーの集積地であり、その巨額投資の震源地としてアメリカで活発化する環境産業をリードし続けている。

リーマンを辞めて「環境ベンチャー投資」に

西部のコロラド州デンバー。西にロッキー山脈を望む標高1600メートルの高地にあり、ちょうど標高が1マイル（約1600メートル）ということから、マイル・ハイ・シティと呼ばれる。都市圏の人口がおよそ200万にのぼる一方で、周囲には4つの国立公園があり、豊かな自然に囲まれている。アメリカ人が住みたい町として常に上位に名前が挙がるボルダーも近い。郊外には自然エネルギーの開発研究が行われるNREL（国立自然エネルギー研究所）があり、環境産業とは密接なつながりがある町だ。

この町で2008年6月、太陽光発電に関する会議が行われた。金融危機の前のことだ。太陽光発電に関する独自の技術を持つ企業や大学の研究者と投資家を結びつけるのが目的の会議だ。ホテルの会場は200人ほどの参加者で埋まり、次々と自らの技術をアピールする発表が行われた。当然、投資家や投資ファンドの関係者なども参加しており、品定めをするように発表にじっと聞き入っている。そんななか、発表が終わった技術者に近づき盛んに話し込んでいる人がいた。シカゴのコンサルタント会社から来たレイ・ピメンテル氏。顧客のために投資対象として有望な企業や技術を見つけるのが彼の仕事だ。フィリピン系アメリカ人のレイは30代半ばで、とにかくエネルギッシュ。休憩時間には興味を持った企業や研究者に次々と話しかけて、技術の詳細や将来性について見定めようとしている。

「なかなか興味深い技術がいくつかあった。投資先として可能性はあると思う。とにかく太陽光発電の技術はこれから新たな技術競争が行われる分野で、大きな可能性が広がっているんだ」

レイをこの会議に派遣したのはニューヨークの小さな投資顧問会社リビングストン・セキュリティーズだ。デンバーでの会議後、レイはニューヨークを訪れ、社長のスコット・リビングストン氏と部下のロビン・マンスカニ氏に会議の成果を報告していた。立ち上げたばかりのこの会社はマンハッタンの高層ビルにあるオフィスもまだ小さい。リビングストン社長は大手投資銀行リーマン・ブラザーズを辞めて独立したばかりだという。いかにも切れ者という風貌で、隙の無い緊張感が漂っている。リーマン・ブラザーズ時代からナノテクノロジーへの投資に関わってきた経験が長く、環境産業もナノテクが鍵を握っていると話す。

一方のロビンは、インド系のなかなかのハンサムで20代半ばとまだ若いが環境テクノロジーに精通している。一通りレイの報告を聞いたリビングストン社長は、引き続きいくつかの企業について調査を続けるように言い、さらにこう付け加えた。

「大学やベンチャー企業で有望な技術があれば、できれば買い取るか、パートナーとなって起業したい。そうした視点でも見てくれ」

こうした投資は当たれば利益は巨額になるが、はずれる可能性もまた高い。リビングストン社長に話を聞くと、「環境産業は間違いなく急成長する。技術的にもまだ初期の段階なので、立ち上げたばかりの企業に投資し、それが当たれば、利益は莫大だ」

と言う。成功に疑いはない、といった様子だ。

「ITバブルの次は環境バブルですね」

と言うと、即座にこう答えた。

「いや、この産業は間違いなく大きく急成長する。そして弾けないのでバブルではない」

2009年3月、再びニューヨークのリビングストン社を訪ねた。この間、アメリカは金融危機とその後の厳しい不況に見舞われており、投資を巡る状況は様変わりしていた。「とにかくこの不況だ。市場は冷え切っている」とリビングストン社長に前年の勢いはない。しかし、環境産業が大きく成長するという見方など基本的な認識は変わっていない。問題はそのタイミングだ。

その夜、社長の片腕であるインド系のロビンと日本食レストランで夕食をとりながら話を聞いた。確かに彼らのビジネスも投資家から資金を集めるのは難しくなっているという。しかし、逆にライバルが投資を控えているのでチャンスが大きいとも言う。

ロビンは、ある大学が開発した技術をめぐるビジネスを進めていることを明かしてくれた。いくつかのタイプのソーラーパネルに適用でき、この技術を使えば、それぞれのパネルの発電効率を数十％高めることができるという。開発者と共同で会社を設立し、さらに投資を募る、という計画だ。

「まさに去年めざしていたとおりだね」と言うと、

「そのとおり。この技術はかなり成功の可能性が高いと思う。多くのソーラーパネル製造メーカーが顧客になりうる。大きなビジネスだ」

常に冷静な彼だが、この時は少し早口で説明し、興奮しているのが分かった。

「明日は投資家とランチだ。みんな過剰に慎重になってるから簡単じゃないが、でも必ず投資を引き出して成功させるよ」

有望な技術を開発すれば、ベンチャーキャピタルや投資ファンドなど様々な人たちからアプローチを受け、大きなビジネスに向けて動き出す。アメリカでは研究者が起業し、莫大な富を得る仕組みが非常にスピーディーにそしてスムーズに進んでいく。環境産業はオバマ大統領の登場によって研究開発のための補助金が増額された。今後、民間からの投資も増加し、さらに巨大産業に成長していくことが期待されているのだ。

石油投資王ピケンズも乗り出した

オバマ大統領の登場により、再び活気を帯びてきた環境投資。そんななか、壮大かつ大胆な、ある構想が、今、全米で注目を集めている。

アメリカの中西部を「風力エネルギーのサウジアラビア」に変える——。

テキサス州南部からノースダコタ州北部、カナダとの国境に至る、南北2000キロあまり、東西およそ1000キロの地帯は非常に風が強いところとして知られる。このアメリカ大陸を縦断する場所に、15万~20万基の風車を建設し、世界最大の風力発電地帯をつくろうというものだ。もし完成すればアメリカの電力需要の20%をまかなうことができるという。

提唱者はT・ブーン・ピケンズ氏、81歳。テキサス州の石油ビジネスで財を成した、大物投資家として知られる。およそ20年前、トヨタ自動車系列の部品メーカー、小糸製作所の株を大量に買い占め、物議をかもした「もの言う株主」「企業乗っ取り屋」といえば、思い出す方もいるかもしれない。

ピケンズ氏は、2008年7月にこの構想を発表して以来、5800万ドル(約58億円)の巨費を投じて大規模なキャンペーンを展開している。連日、テレビ・ラジオで大量のCMを流し、自らもテレビ番組に出演したり、全米各地を飛び回って講演しその意義を説く。また自然エネルギーを推進するオバマ大統領に面会し直接説明、その必要性を訴えるなど、連邦政府や議会に対しても強力な働きかけを行っている。

ピケンズ氏はすでに20億ドル(約2000億円)を投じて、テキサス州北部パンパ近郊の大牧場周辺の土地使用権を獲得、風車700基の建設に着手している。中西部を風力発電地帯にするという構想は、いずれは国の政策として採り入れられると信じ、この先、100億ドル（約1兆円）を投資して、風車を増やしていくつもりだという。

自らの名前を冠し「ピケンズ・プラン」とも呼ばれる、この巨大な〝風の回廊〟計画をピケンズ氏がこれほどまで熱心に推し進めているのは、地球温暖化防止や環境保護のためではない。アメリカのエネルギー自立を高めるのが目的だという。実際、ピケンズ氏のテレビCMには、南極の氷壁が崩れ落ちる様子や水没の危機に瀕した南洋の島は登場しない。画面には、ピケンズ氏がホワイトボードに数字を書きながら、アメリカのエネルギー利用の状況について淡々と説明する様子が映し出される。

ピケンズ氏によると、1970年、アメリカが使用する石油量のうち輸入分は24％だったが、2007年には、70％近くにまで達している。今や年間7000億ドル（約70兆円）もの金額が産油国に流れているというのだ。「これは人類史上、ほかに類を見ない大規模な〝富の移転〟だ」とピケンズ氏は断じる。

またこの冬、ロシアとウクライナ、ヨーロッパ諸国の間で起きた天然ガス供給の問題を例に挙げ、エネルギーの安全保障の観点からも風力発電の必要性を説く。2008年末、ロシアとウクライナの間で行われていた天然ガスの価格の話し合いで、ウクライナが値上げを拒否し交渉が決裂、2009年の元旦からロシアはパイプラインによるウクライナへの供給をストップした。さらにその余波で、同じパイプラインを経由して供給を受けていたヨーロッパの国々で、天然ガスがストップしたり、極端に減少してしまったりしたのだ。

「こうなったのは天然ガスをロシアが握っているからだ。われわれは輸入に頼る石油でそんな事態に陥ってはならない」とピケンズ氏。

さらには、石油の獲得自体が困難に陥るかもしれないと、ピケンズ氏は言う。アメリカの人口は世界の4％でしかないのに、原油は世界の消費量の25％を使用している。一方で、世界の原油生産量は2005年にピークを迎えたあと、減り続けている。中国、インドで需要が急増しているなかで、アメリカ国民はいつまでも安い石油を簡単に手に入れることはできないのだと警鐘を鳴らす。

このように、アメリカのために、風力発電を推進する必要があるのだとピケンズ氏は訴えている。

「乗っ取り屋」と自然保護団体の協力

ピケンズ氏の構想は大きな反響と支持を集めている。10万人近いアメリカ国民が彼のウェブサイトに登録、プランの実現を求めるデモや議会への働きかけに参加する意思を示している。アメリカで最も長い伝統を持ち、評価も高い自然保護団体「シエラクラブ」までもが、アメリカのエネルギー問題を解決するために必要なのは、ピケンズ氏の構想のような大胆で野心的なアイデアだとして名を連ねている。

また、ピケンズ氏は保守派で徹底した共和党支持者であるにもかかわらず、民主党の有力上院議員リーバーマン氏からも支持を得ている。リーバーマン氏は、自らが委員長を務める上院の国土安全保障・政府問題委員会の公聴会にピケンズ氏を招き、「これ（ピケンズ氏の構想）は伝統的なアメリカの〝為せば成る〟というメッセージだ」（2008年7月22日「上院国家安全保障・政府問題委員会」での証言）と持ち上げた。

もちろん、ピケンズ氏の構想に懐疑的な人も少なくない。風力発電はまだアメリカの総発電量の1％程度をまかなうに過ぎない。それが10年やそこらで20％にまで引き上げられるわけがないというのだ。

さらに大きな課題は送電だ。中西部で発電した電力を、大消費地のニューヨークやワシントン、ロサンゼルス、サンフランシスコといった東西両海岸まで送るだけの十分なインフラが整っていないのだ。アメリカでは、送電線は地域ごとに所有・管理する会社が違ううえ、老朽化も進んでいる。そのため、既存の送電線では1600キロごとに、ワット数にして10～15％ずつ電力が失われるという。東西の海岸地帯までロスなく送るには、長距離でも電力が減らない765キロボルトの超高圧電線網を新たに全米に張りめぐらせなければならないが、これには2000億ドル（約20兆円）もの資金が必要という試算がある（『フォーサイト』2008年9月号）。

ピケンズ氏は、この送電網の整備は1950年代、アイゼンハワー大統領の指示で建設が始まった全米高速道路網の建設に匹敵するものであり、その実現には大統領と議会の力が不可欠だという。前章で述べたように、オバマ大統領は、グリーン・ニューディールの一環として、古い送電線を張り替え電力を効率よく使えるようにするためのスマート・グリッド計画をすでに打ち出している。しかし現在の厳しい経済・財政状況下では、その実現も容易ではないと見られている。

それでも、ピケンズ氏が計画の重要性を説く〝伝道活動〟を控える様子はない。本当に実現するのかどうかわからないこの構想に、ピケンズ氏はなぜ情熱を燃やしているのか。

大方の人は、大物投資家の人生最後の賭けとして、当たれば莫大な富となるビジネスチャンスを目論んでいると見ている。原油価格が下落し、さらにはいずれ枯渇する恐れもあるなかで、次世代のエネルギーに先んじて投資することで、ハイリスク・ハイリターンを狙っているというのだ。

なかには、風力発電事業そのものだけでなく、自分の所有する別会社の儲けも狙って、構想の推進を訴えているのではないかという指摘さえある。実は、ピケンズ氏の構想の説明には続きがある。風力発電でアメリカの電力の20％をまかなえば、現在、アメリカ国内で産出する天然ガスで発電している供給電力と、まるまる取って代えることができる。そこで、生まれた余剰の天然ガスを、ガソリンの代わりに自動車の燃料として使えば、輸入する石油への依存をさらに減らすことができるというのだ。ピケンズ氏はクリーン・エナジー・フュエルズという全米最大の天然ガススタンド・チェーンの経営者でもある。ピケンズ氏が唱える通り、自動車の燃料がガソリンから天然ガスへの切り替えが進めば、この会社でもピケンズ氏は富を得ることができるようになる。

「動機は金儲けでも構わない」

風力発電の構想はピケンズ氏の金儲けのためでしかないという指摘を、本人は軽く笑い飛ばしている。

「無論、私は投資家なんだから、投資するからには儲けたいのは当然のことだ。しかし個人的には、あえてこれ以上金を手に入れる必要性はない」（ＣＮＢＣテレビ "First in Business World Wide" ２００８年7月8日放送）

個人資産は40億ドル（約４０００億円）ともいわれ、世界の長者番付で１１７位にランクされるピケンズ氏にとって、これ以上のお金は人生に必要ないというわけだ。この事業で手にする儲けは、いずれは遺産として慈善事業に寄付されることになる、とピケンズ氏は述べている。

実際ピケンズ氏は、これまでにも母校オクラホマ州立大学に4億ドル（約400億円）を寄付、その寄付金で建設されたスタジアムや、かつて自分が学んだ地質学部には、ブーン・ピケンズの名がつけられている。またピケンズ氏が所有する不動産の多くも、彼の死後、オクラホマ州などに寄付されることになっている。こうした寄付に比べれば、5人の子どもと12人の孫に残される遺産ははるかに少ないという。

ピケンズ氏は、オクラホマ州のホールデンビルという小さな町で生まれ育った。子ども時代はちょうど大恐慌の最中で、新聞配達のアルバイトをしていたこともあったという。大学卒業後、仲間ふたりと全財産を賭けて、石油探査というリスクの高い事業に乗り出した。その後、自らが築き上げた石油会社の最高経営責任者の座を追われるなど、手痛い挫折も味わいながら、強気のビジネス手法で数々の成功を重ねてきた。ピケンズ氏は自分のような田舎者でも、よい教育を受け勤勉に働けば、思いもよらない成功を手にすることができた、そんなアメリカという国に恩義を感じているという。大恐慌以来の経済危機に直面している今、ピケンズ氏は、問題解決のため、自分のアイデアと資金、

T・ブーン・ピケンズ氏

情熱を注ぎ込みたいと語る。そして、アメリカのエネルギー供給体制を再構築することは、これまでの生涯を通じて一番重要な仕事と考えているという。
「私はもう80歳を過ぎた。たくさんの金を儲けただけでなく、国のために有意義なことをしたと思って死んでいきたい」(『ニューズウィーク日本版』２００８年9月10日号)
かつての敵で、現在はピケンズ氏の構想の支持者である民主党のリード上院院内総務は次のように言う。
「80歳での改心とは、大変結構なことだ」(議会議事録 S.7092 ２００８年7月23日)
環境保護団体「シエラクラブ」の役員カール・ホープ氏は、「動機は金であっても構わない」とまで言う。風力発電で、石油で稼いだよりたくさんの金を稼いでくれれば、世の中に強烈なインパクトを与えることができるからだ。

「ピケンズ氏の活動で、これまで私たちの声が届かなかった保守層の心をつかむことができればいいことだ」とホープ氏は語る（シエラクラブ公式ホームページ、ホープ氏のブログでの発言）。

アメリカのビジネス界において、良しにつけ悪しきにつけ、その言動で常に注目を集め続けてきたピケンズ氏。今回の巨大風力発電地帯建設の構想でも、賛同、批判、支持、疑念、様々な評価を受けつつも、アメリカの世論に風を巻き起こし、人びとの関心を引きつけているのは間違いない。

齢八十にして人生最後の巨大プロジェクトに臨むピケンズ氏。「80歳という年齢では時間との闘いですね」という、ある米メディアの問いかけにピケンズ氏はこう答えている（CBSテレビ“60 Minutes”２００８年10月26日放送）。

「まったくもって、そのとおりだ。しかしそれは私だけではない。この問題ではわれわれ全員がそうなんだ。だから計画の実現を急がなければならない」

（ロサンゼルス支局・花澤雄一郎、報道番組・田中靖子）

第5章　オバマ大統領と「グリーン・エコノミー」

環境で経済を建て直せ

これまで見てきたように、アメリカの国内における自然エネルギー導入の流れはオバマ大統領誕生以前から州レベルで進められてきた成果が大きい。だが、現在のグリーン・ニューディール〝ブーム〟は、こうしたアメリカ各地の動きを後押しするオバマ大統領と彼の打ち出す政策に対する期待によって、巻き起こっていると言えよう。大統領選挙期間中から自然エネルギーへの転換を訴えてきたオバマ。ここでは、オバマの「グリーン・エコノミー」政策について、その狙いと可能性を見ていく。

2008年9月、厳しい残暑が続くなか、大統領選挙まであと2か月に迫り、アメリカは国全体が新しい時代への予感と熱気に包まれていた。アメリカ中西部コロラド州デンバーで開かれた民主党大会では「アメリカン・ドリームを取り戻せ」と訴えたバラク・オバマ氏が正式に党を代表する大統領候補に選出され、8年間続いたブッシュ政権からの変革の担い手に対する人びとの期待は高まるばかりだった。その一方で、アメリカ経済はサブプライムローン問題に端を発した金融危機と悪化する雇用状況、それに原油価格の高騰という三重苦を抱え、出口の見えない景気低迷に国民の苛立ちも高まっていた。誰がこの問題に解決策をもたらしてくれるのか。大統領選挙は「経済の建て直し」が、最大の焦点になる様相を見せていた。

当時ひとつのレポートが世間の注目を集めた。オバマ候補の選挙中の政策立案の後ろ盾となっていたワシントンのシンクタンク、センター・フォー・アメリカン・プログレス（Center for American Progress）が発表した『グリーン・リカバリー（環境対策による経済再生）』である。石油などの化石燃料に依存しない低炭素社会を築きながら、省エネルギー政策を一気に進めることで雇用の拡大もめざす、いわゆる一石二鳥を狙った政策を提唱したこのレポートは、オバマ候補の政策にも影響を与えたとされている。

オバマ候補は選挙公約として、「グリーン・ジョブ（環境保護を行いながら収入を得る仕事）」で雇用を創出し、温室効果ガスを2050年までに1990年の水準と比べて80％削減し[*1]、環境に優しいエネルギー技術の発展に10年間で1500億ドル（約15兆円）を支出することを掲げた。地球温暖化の防止策、自然エネルギーの開発には消極的だったブッシュ大統領とは明らかに一線を画す姿勢を見せたのだ。

アメリカではそれまでも、クリントン政権下で副大統領を務めたアル・ゴア氏の著書『不都合な真実』が話題を集めたように、何度か地球温暖化防止策は語られてきた。しかし、世界に冠たるエネルギー消費大国のアメリカが、はたして大転換を実行することができるのか。ましてや、それで雇用を大幅に拡大することなど、本当にできるのか。

私たちはまず『グリーン・リカバリー』の執筆者のひとり、マサチューセッツ大学アマースト校のロバート・ポーリン教授にインタビューを依頼した。幸いにも教授は、普段は大学周辺に住んでいるが、週末は実家があるワシントンをたびたび訪れているということで、私たちの申し込みを快諾してくれた。そこで、私たちは、ワシントン郊外の高級住宅街にある彼の実家でインタビューを行うこととなった。

注目されたある「レポート」

ポーリン教授は、いかにも学者らしい、カジュアルだが清潔なワイシャツ姿でわれわれを出迎えた。教授は、はにかみながら「インタビューのときはちゃんと着替えるからね」と言って、私たちを案内してくれた。豪邸のたたずまいにはあまり似つかわしくないオバマ大統領の等身大の人形が飾られおり、ポーリン家がオバマ大統領の熱心な支持者であることをうかがわせた。日本のテレビ局のインタビューが珍しかったのだろうか、インタビューには、自宅で療養中のポーリン教授の父親も同席した。あとで調べてわかったことだが、彼の父親は、ワシントンのプロバスケットボール・チーム、ワシントン・ウィザーズが本拠地としている複合施設ベライゾン・センターなどを所有する財界の大物である。オバマ大統領からも直接電話をもらうこともあるという。

環境対策だけでは従来型の公共工事のような即効性のある景気刺激効果が望めないとする批判にどう答えるのか。私たちの質問に対して、ポーリン教授はすぐさま次のように反論した。

「グリーン投資（環境対策への投資）の効果は実際にあると思います。公共の建物を省エネ型に替えるだけで、260億ドル（約2兆6000億円）市場があり、建て替えが決まればすぐに工事に取りかかれるのですから」

ポーリン教授の試算では、自然エネルギー政策に100万ドル（約1億円）を使うと18人分の雇用が生まれるが、単なる石油産業への投資では同額で4人分の雇用しか生まれない。ちなみに、彼の話では減税に100万ドルを使うと14人分の雇用ができるのだという。ポーリン教授はこれを「マルチプライヤー効果（乗数効果＝政府支出や投資によって国民所得が掛算的に増加する効果）」と呼び、環境対策と経済成長が両立しない、という声には根拠がないとしている。

さらにポーリン教授は、グリーン投資は、地球温暖化を防ぎ、かつ雇用を確保していくうえでは決して高い費用ではないと力説した。彼が主張するのは、年間1500億ドル（約15兆円）超の規模だ。ポーリン教授は次のように語る。

「どのくらいの数字かというと、イラク対策に使っているのと同じくらいの規模、軍事費の4分の1程度です。それほど大きくはないでしょう。GDPの1％分ぐらいなのですから。

深刻な経済悪化で、今は政府が財政出動するしかないんです。だったら、効果があり、将来にも財産が残るかたちで支出をするべきです。私自身は『グリーン・ジョブ』という言葉は好まないんです。これは経済全体に好影響を与えうるものであって、特殊なセクターに偏った話ではないのです。

地球温暖化対策についても、アメリカに残された時間はあと20年あるかないかです。もうこれ以上は待てない。だったら、今取りかかるしかない。これは次世代への投資でもあるんです」

ポーリン教授はインタビュー後、『グリーン・リカバリー』発表当時の裏話をしてくれた。それによると、当時は雇用創出のためとはいえ、それほどの巨額の財政支出を環境対策に割くことは考えづらい状況だった。そこでレポートの提言内容については、編集サイドと「少し揉めた」という。ポーリン教授自身はもっと思い切った財政支出の数字を打ち出そうとしたが、「およそ現実的ではない」と止められたのだという。

「わずか数か月前のことだが、ここまで経済が悪くなって大規模な財政出動が必要になるという認識がなかったんだと思うね」とポーリン氏は当時のことを振り返った。

「グリーン・エコノミー」をめざせ

大統領就任式を数日後に控えた2009年1月のある日、オバマ氏はオハイオ州にいた。

「われわれは国民に新しい仕事を提供します。ソーラーパネルや風力タービンをつくったり、省エネ型の車や建物をつくったり、新しいエネルギー技術を生み出すことで、より多くの仕事と、クリーンな地球を手に入れることができるのです」

クリーンなエネルギーや省エネルギーの重要性をこう説きながら、彼はさらに次のように訴えた。

「日本、ドイツ、スペインはこの分野にすでに投資をしており、アメリカの先を進んでいます。大胆な投資でより給料の高い雇用が生み出される。アメリカでも今すぐ同じことをできない理由はない」

オバマ氏は、新大統領の最優先課題となる「経済再建」の政策の中核に、「グリーン・エコノミー政策」を位置づけることを、このときにはっきりと示したのである。ちなみに、オバマ大統領自身は、フランクリン・D・ルーズベルト大統領のニューディール政策にならった「グリーン・ニューディール」という言葉を一度も公の場では使ったことがない。ニューディールといえば、大不況下の弱者対策という響きがあるが、オバマ大統領からすれば、より普遍的な政策だという思いから、「グリーン・エコノミー」という言葉を選んでいるのかもしれない。

就任後、オバマ大統領は、グリーン・エコノミー政策の担当者として以下の人物を任命した。ホワイトハウスに新設されたエネルギー・気候変動問題担当補佐官には、クリントン政権のゴア副大統領のもとで環境政策を担当していたキャロル・ブラウナー氏、エネルギー庁長官には、スタンフォード大学の教授で、「環境派」のひとりといわれる、ノーベル物理学賞受賞者のスティーブン・チュー氏、環境保護庁の長官には、同庁での勤務経験もあり、ニュージャージー州の環境政策を担当していたリサ・ジャクソン氏。さらに、ホワイトハウスの環境評議会の議長には、ロサンゼルス副市長を務めていたナンシー・サトリー氏を招いた。２００８年12月16日付の、オバマ政権移行チームのウェブサイトCHANGE.GOVには、以下のような書き込みがスタッフによって掲載されている。

〝グリーン・ドリーム・チーム〟

オバマ次期大統領のエネルギー・環境対策チームの主要メンバーの選択は、賞賛にとどまらず、地球温暖化のために行動することが必要なのだという希望の波を巻き起こしている。チュー、ブラウナー、ジャクソン、そしてサトリーの選択は、オバマ政権が、クリーン・エネルギーに本腰を入れることを証明している。

環境対策へのオバマ大統領の考えは、就任後すぐに取りかかった史上最大規模の景気対策にも反映された。第３章のスマート・グリッドの項で述べたように、送電網の近代化を行い、自然エネルギー用の新たな送電線の建設を含む、スマート・グリッドの研究開発に１１０億ドル（約１兆１０００億円）、さらに州・地方政府によるエネルギー効率化事業への支援に63億ドル（約６３００億円）。電気自動車の普及や、国産自動車用の燃料電池の開発・製造支援にも予算が充てられた。総額４３４億ドル（約４兆３４０

0億円）に上る予算を自然エネルギーの導入支援に注ぎ込んだことになる。[*2]

だが皮肉なことに、深刻な景気悪化によって、一時期1バレル140ドル台にまで高騰していた原油価格はその後急落、40～60ドル台を推移している。経済を建て直してほしいという機運は盛り上がっているが、石油に替わる自然エネルギーの開発を積極的に後押しする気運はさほど盛り上がらないかもしれない。こうした状況のなか、オバマ大統領はこれまでの公約通り、本当にグリーン・エコノミー政策を押し通すことができるのだろうか。

アポロ計画を再び

『グリーン・リカバリー』のもうひとりの共同執筆者で、センター・フォー・アメリカン・プログレスの上級研究員を務めるブラッケン・ヘンドリックス氏は、グリーン・エコノミー政策は、決して選挙対策のための一過性の政策ではなく、オバマ大統領がイリノイ州選出の上院議員時代から深い関心があった政策だと主張している。そしてレポートはオバマ氏自身の関心に沿って作成したものに過ぎないと説明している。

なぜアメリカはグリーン・エコノミー政策に取り組まなければならないのか。ヘンドリックス氏は私たちの単刀直入な問いかけに対し、冒頭から熱く語り出した。

「われわれは今、3つの密接に関連した危機に直面しています。金融危機、エネルギー危機、そして世界に大きな影響を及ぼす地球温暖化の危機です。アメリカにはこの3つの危機に取り組もうという大統領が存在するのです」

ヘンドリックス氏は、クリントン政権下、ゴア副大統領のもとでスタッフとして地球温暖化防止・環境対策を担当していた。クリントン政権とオバマ政権の取り組みの違いについて尋ねると、彼は次のように述べた。

「クリントン、ゴア両氏は、地球温暖化という難題からアメリカも逃げることはできない、もしかすると、これが経済発展の源にすらなるかもしれない、ということまで理解していました。オバマ大統領は、いまやこの問題に取り組まなければ国の将来の経済成長はない、また国際社会での信頼も勝ち得ることはできない、ということをはっきりと認識しています。アメリカは今、前進する用意ができているのです」

ヘンドリックス氏は、オバマ政権が描くグリーン・エコノミーの構想を次のように説明している。風力や太陽光など自然エネルギーの普及を促進し、新しく設けられた発電所からスマート・グリッドへと送り込む。ハイブリッド車、電気自動車の開発を進めて、自然エネルギーの電力を使ってこうした車を走らせる。GMやクライスラーといったアメリカを代表する大手自動車メーカーが経営危機に瀕するなか、こうした「グリーン・

テクノロジー」が開発されれば、アメリカの自動車産業の完全復活も夢ではないという。

「もし、われわれがこの難題に取り組まなければ、国としての繁栄はなくなり、世界のリーダーとしての立場を維持できなくなります。事実、人びとを再び仕事に就かせるために絶対に必要なわれわれの安全保障、健康、革新と成長の基礎は低炭素社会の構築にかかっているのです。オバマ大統領は、経済危機やイラク戦争に取り組んだあと、これが最も重要であると言っています。エネルギー問題の克服こそ最も優先順位の高い課題としたのです」

２００９年3月末、米議会下院は、気候変動とエネルギー関連条項を盛り込んだ法案の草案を発表した。オバマ大統領は、中西部アイオワ州の講演で、すかさずこの法案の成立に向けた援護射撃を行った。

「アメリカが地球温暖化対策に遅れをとってきたのは紛れもない事実だ。この法案が私の政策を実現できる手段になることを期待している」

オバマ大統領のグリーン・エコノミー政策を見ていくと、その主張は終始一貫しており、大統領自身の強い意思が感じられる。しかし、アメリカのグリーン・エコノミー政策がどこまで実効性のあるものに仕上がるのかについては、ワシントンでは構想自体は評価できても、はたしてそれがアメリカ経済の新たな原動力となるような政策なのか懐疑的な声も多く聞かれる。だが、ヘンドリックス氏はアメリカが持つ潜在的な成長力について、次のように力説する。

「グリーン・エコノミー政策をわれわれはアポロ計画によくなぞらえるんです。ケネディ大統領はかつて『10年以内に人類を月に送り込み、無事帰還させる』と約束し、国民の意思を団結させて、それを8年で成し遂げました。われわれが力を結集すれば、もう一度、そういったことができるはずです」

オバマ政権が発足して100日。新政権は経済再建という目の前の課題に追われ、景気刺激策や住宅対策、それに金融安定化策の3本柱の立案と実施を優先させてきた。しかし、アメリカ経済にようやく回復の兆しが見え始めた今、より長期的な経済成長と環境対策を両立させたグリーン・エコノミー政策を具体化し、世界を唸らせることができるのか、オバマ政権は今後その真価を問われることになる。

（ワシントン支局・櫻井玲子）

＊1　オバマ大統領は、2009年2月26日に発表した2010年度の予算教書で、基準年を1990

年としていたものを２００５年に変更した。削減水準は実質的に同じと見られる。

＊2　この額は景気対策法の内容のうち、減税分を除いた額。景気対策法の予算のうち、グリーン・エコノミー関連政策に割かれた額については、その解釈によって算定方法が異なるが、ヘンドリックス氏は総額で７１０億ドル（約7兆１０００億円）、これまでの予算のおよそ3倍に相当すると算定している。

第6章　グリーン・ニューディールを支える若者たち

オバマ大統領を生んだ若者パワー

オバマ大統領就任からおよそ1か月後の2009年2月末、首都ワシントンのコンベンション・センターに大勢の若者が詰めかけた。その数、およそ1万2000。全米50州はもとより、日本を含む世界各地からやってきた若者たちは、皆、自分たちがこれから新しい時代を切り開くという高揚感に満ち溢れていた。

ワシントンで4日間にわたり開催されたイベント「パワー・シフト2009」は、若者を中心とする環境保護グループ「エネルギー行動連合」が主催した。オバマ政権のグリーン・ニューディール政策をサポートし、気候変動に関する法律の制定を議会に求めることがイベントの目的だ。

ステージ上には、著名な環境活動家らに交じって、オバマ政権の幹部も登場した。ケン・サラザール内務長官とリサ・ジャクソン環境保護庁長官だ。ふたりは、オバマ政権のグリーン・ニューディール政策への熱意を語り、ともに改革を進めようと呼びかけ、若者たちの喝采を浴びた。政権幹部がふたりも出席したこと自体、オバマ政権がいかに若者たちの運動に関心を払っているかを物語っている。

そしてステージの中央にひとりの小柄な女性が歩み出ると、会場からひときわ大きな歓声が湧き上がった。ジェシー・トルカン氏、27歳。エネルギー行動連合の代表だ。

「私は500万の人びとがグリーン・ジョブに携わっている姿を見たいのです。風車が回る山々や、ソーラーパネルが並ぶ町を見たいのです。私は勝利するためにやっています。みんなついてきてくれますか?」

「イエス!」

ジェシーの呼びかけに、歓声で応える若者たち。ジェシーはさらにあおる。

「それでは連邦議会まで聞こえませんよ!」

「イエス!」

「それではコペンハーゲンまで聞こえませんよ!」

「イエス!」

若者たちは声を張り上げ、席を立ち、こぶしを突き上げた。

オバマ大統領誕生に大きな役割を果たしたのが、「ミレニアル（millennial）世代」と呼ばれる20代の若者たちだ。２０００年以降に成人を迎えたことからこう呼ばれる。これまで、とかく若者は政治に無関心といわれてきたが、オバマが大統領候補になると、その様相は一変した。

オバマは若者たちが慣れ親しんだインターネットなどのツールを効果的に使うことで、自身のメッセージを的確に届けることに成功した。若者たちはインターネットやメールでつながりあいながら、街頭や電話で投票を呼びかけ、オバマを大統領に押し上げる原動力となった。

このことをきっかけに、若者たちは自分たちもやればできるという手ごたえを感じたのではないだろうか。オバマを大統領にしたのは自分たちだ。自分たちが本気になれば、世の中を変えられると。

大失業時代、グリーン・ジョブは若者の生命線

「パワー・シフト」を主催したエネルギー行動連合の事務所は、ワシントン市内の閑静な住宅街にある。看板もなく、一見ふつうの３階建ての住宅にしか見えないが、私たちがイベントの数日前に訪れると、中には大勢の若者がひしめき合い、足の踏み場もないほどだった。ほとんどが20代の若者、ミレニアル世代だ。

ジェシーは、事務所の2階で携帯電話で話しながらパソコンを操作し、慌しくスタッフに指示を与えていた。ウィスコンシン大学在学中から環境保護運動にかかわってきたジェシーは、卒業後も様々な草の根組織で活動してきた。そうしたなか、全米の大学で環境運動に携わる学生たちが、協力してより大きな活動を展開していこうと、２００４年にエネルギー行動連合を結成した。ジェシーは1年半ほど前からその代表を務めている。

エネルギー行動連合は、50もの環境保護団体や社会正義を推進する団体からなる連合体だ。「シエラクラブ」や「グリーンピース」など大手の環境保護団体の青年組織も名を連ねる。彼らは、主に全米の大学で自然エネルギーへの投資を訴える活動を進めてきた。

さらにエネルギー行動連合は、選挙への取り組みも積極的に行っている。政治的に中立を標榜しているので、特定の候補を応援することはしないが、クリーン・エネルギーやグリーン・ジョブの実現に協力してくれそうな候補への投票を呼びかけてきた。２０08年の大統領選挙でも、大規模なキャンペーンを展開し、50万人もの若者が参加した。

投票日直前には、ジェシーがノーベル平和賞を受賞したゴア元副大統領にインタビューを行い、その様子はインターネットで生放送された。

ジェシーは大統領選挙を興奮気味に振り返った。

「私たちは変革をもたらすことができるということを、大統領選挙で実感することができました。2400万人の若者が11月4日に投票に行きました。私たちが大統領を選出したのです。草の根パワーは絶対的に強大であり、最後には変革をもたらすことができると、バラク・オバマが教えてくれたのです」

オバマ大統領が打ち出した政策の中で、若者たちが特に強い関心を示しているのが、グリーン・ジョブの推進だ。100年に1度といわれる経済危機のなか、若者たちの就職は極めて厳しい状況にある。環境対策やクリーン・エネルギーの分野で産業を振興し、雇用を生み出そうというグリーン・ジョブの考え方は、環境運動に熱心な人びとにとどまらず、一般の若者たちの幅広い支持を集めている。

エネルギー行動連合も、グリーン・ジョブの創出を大きな目標に掲げている。

「グリーン・ジョブこそがこの運動の最重要項目です。私たちは、現在の経済危機で最も不利な影響を受ける世代です。今は大学を卒業しても就職先がありません。ですから、グリーン・ジョブは私たちの世代にも経済的なチャンスがあると保証し、前に進むための生命線なのです」

事務所の3階にはパソコンがずらりと並び、10人ほどが熱心に作業している。彼らは、「パワー・シフト」をPRするために、ビデオクリップをつくったり、ブログを更新したりしているのだ。いわば、ここはエネルギー行動連合のサイバー司令塔だ。インターネットを活用して情報発信をするオバマ政権とまさに同じ手法を使っている。オバマ政権やその選挙活動にヒントを得たのか、ジェシーに尋ねると、「逆よ」と言わんばかりの答えが返ってきた。

「むしろオバマ大統領や彼のチームが、私たちのコミュニティから学んだのではないかと感じるほどです。私が環境保護活動を始めて以来、インターネットは、全国の大勢の人たちに参加してもらうための最も重要なツールでした。オバマ大統領はそうしたツールをこれまで見たことがない新しいレベル、新しいスケールで利用しました。オバマ大統領は、私たちの世代とどのようにコミュニケーションをとればいいのか理解しているのです」

連邦議会前に集まった「パワー・シフト」参加者たち

議会前を「緑のヘルメット」が埋めた！

「パワー・シフト」最終日、ワシントンは前夜から雪に包まれ、気温は氷点下にまで冷え込んだ。しかし連邦議会前の広場、ウエスト・ローンには「パワー・シフト」の参加者が集結し、そこだけが異様な熱を発していた。参加者は皆緑色のヘルメットをかぶり、「グリーン・ジョブ」、「クリーン・エネルギー」、「今こそ気候法案を」などと書かれたプラカードを手にしている。

この日は、参加者が議員に直接会って、気候変動に関する法律の制定を求める「ロビーデー」だ。

群集に向かって、ジェシーが拡声器を通して声を張り上げた。

「できるだけ多くの議員と会って話をして

ください。そして彼らの目を見て、あなた方の顔を忘れさせないようにしてください。これは私たちの未来にかかわる問題なのだと伝えるのです」

若者たちは、主に出身地別のグループに分かれて地元選出の議員のもとを訪れた。そして気候変動に関する法律制定の重要性を訴え、積極的な動きを促した。多くの議員は多忙であるにもかかわらず、若者たちを部屋に招き入れ、真剣に話を聞いていた。もちろん党派によって、また個々の議員によって、気候変動に関する法律へのスタンスは異なる。しかし議員たちに共通しているのは、若者たちはもはや軽視できる存在ではなくなったということだ。２００８年の大統領選挙がそれを証明した。

さらにこの日、下院のエネルギー自立および地球温暖化特別委員会では、若者たちから環境に関する証言を聞く機会が設けられた。環境問題に長年取り組み、この委員会の議長も務めるエドワード・マーキー下院議員による計らいだ。普段スーツ姿の大人しか出入りしない委員会室は、カジュアルな服装の若者たちで埋め尽くされた。

ジェシーは証言者のひとり、しかもトップバッターに選ばれた。10年近く環境問題に取り組み、国に対して様々な働きかけを行ってきたジェシーにとっても、議会で証言するのは初めての経験だ。連日のイベントで、すっかりしわがれてしまった声を振り絞り、ジェシーは発言した。

「私たちには石炭の使用停止が必要であり、何百万という新たなグリーン・ジョブの創出が必要です。私たちはもう待てません。議会の皆さん、去年11月4日に投票所に出向いた2400万の私たちの声を聞き、立ち上がってください。2009年に気候変動に関する法案を通過させてください」

オバマ大統領誕生に大きく貢献した若者たちの力。その力が、大統領選挙が終わったあとどうなるのかは、ワシントンで大統領選挙の取材に当たってきた私たちのひとつの関心でもあった。

今回、パワー・シフトを取材し、まさにそうした草の根の若い力が着実に根を広げ、社会や政治に影響を与えようとしている姿を目の当たりにした。インターネットという武器を使いこなし、一人ひとりの思いを大きな声にまとめあげる術を知った若者たち。結束して、声を上げ、行動を起こせば、世の中を変えられるという自信を得た若者たち。

オバマが大統領を務めるアメリカで、彼らがどんな形で世の中を変えていくのか、これからも目が離せそうにない。

（ワシントン支局・高木洋介）

第7章　環境技術で〝勝ちにくる〟アメリカ

アメリカが再び先頭に立て！

　グリーン・ニューディールのカギを握る環境技術。しかし、これまで省エネルギーやクリーン・テクノロジーの開発に大きな関心を払ってこなかったアメリカは、この分野では出遅れている。たとえば、プラグインハイブリッド車や電気自動車のバッテリー技術の根幹をなすリチウムイオン電池のシェアは、現在、日本が6割強。2位の韓国と合わせると8割以上を占めている。

　2009年2月、就任まもないオバマ大統領は演説の中で、次のように決意を語った。

「太陽光発電の技術を開発したのはわれわれだが、生産はドイツや日本に追い抜かれた。ハイブリッド車の生産は始めたが、電池は韓国製だ。ほかの国でだけ雇用が生まれ、新しい産業が発展することなど、私はとても受け入れられない。今こそアメリカが再び先頭に立つ時だ」

国立アルゴンヌ研究所

環境技術で日本を追い上げようと動き始めたアメリカ。私たちは、その〝本気度〟を示すひとつの拠点を訪れた。シカゴにある国立アルゴンヌ研究所。アメリカ合衆国エネルギー省に所属し、１９４６年、初の国立研究所として設立された。母体となったのは、原子力の父と言われるフェルミ博士やマンハッタン計画の中心となった研究者チーム。原子力発電所の設計を行うなど、国家プロジェクトの推進拠点として知られている。その後、原子力以外の分野にも研究を広げ、物理学、化学、生物学からコンピューター・サイエンスに至るまで、およそ１０００名の叡智が結集している。そのアルゴンヌが今、開発を急いでいるのが、自動車用のリチウムイオン電池だ。20億ドル（約２０００億円）という莫大な研究費を注ぎ込む計画だという。

秘密のベールに包まれた研究所。今回、私たちは特別に電池の実験室への立ち入りを許された。

「ここはアメリカ政府が持っている最高の実験施設です」

この研究所でリチウムイオン電池の研究が始まったのは4年ほど前だという。この日、行われていたのは、開発した電池を車に載せ、出力の安定性や耐久性をチェックするテストだ。アルゴンヌでは、電池の製造に関して、30を超えるアメリカ企業と国家プロジェクトを結成している。各メーカーから、最先端の試作車が持ち込まれ、テストを受ける。ここでは、各メーカーの実験施設ではできない高度なテストが行えるため、開発コストの削減と時間の短縮につながると期待されている。なかには専属契約のため公開されないデータもあるが、エネルギー省のプロジェクトで得られたデータは大学の研究者たちにも公開され徹底的に比較されるという。

案内してくれたグレン・ケラー博士は、こう語った。

「今後のわれわれのターゲットは、40マイル（約65キロ）走れるプラグインハイブリッド車のバッテリーを開発することです。アメリカでは通勤距離の78％が40マイル以内ですから。新しい技術で動く自動車をつくり出せそうで、われわれは今、とても興奮しています。この2、3年でアメリカ製の電池を使った車が次々と市場に出て行くことになるでしょう」

なぜ、エネルギー省がここまで力を入れるのかと尋ねると、こんな答えが返ってきた。

「輸送に関する分野もエネルギー省の管轄です。不安定な中東の石油への依存は、エネルギー安全保障の問題であり、国家の生命線です。もちろん、温室効果ガスの削減と、経済刺激策にもつながりますしね。

世界における最大の自動車産業は、ここアメリカにあります。自動車と石油の最大の

国立アルゴンヌ研究所

消費国であるわれわれが、電気自動車に移行するのは当然の流れでしょう。巨大なバッテリーの輸送にはコストもかかります。将来的には、自動車産業の近くに電池の製造基盤をつくることは理にかなっています。今は、家庭用電化製品のリーダーであるアジアの企業がリチウム電池の分野でリードしているかもしれませんが、自動車用の大型バッテリーの製造においては、アメリカが未来のリーダーになると思います。新しい電池を開発すれば、将来、世界を制する地位を必ず占めることができると確信しています」

オール・アメリカンでトップを奪回せよ!

アルゴンヌ研究所では、バッテリー分野

の研究員を現在の40人から倍増し、2013年には、100億円を投じて、基礎科学と応用科学を同時に行う新たな研究棟を完成させる予定だ。さらには、ケンタッキー州で、ビッグ3のひとつフォードや電池会社のアソシエーション社と共同で、車のバッテリー専門の研究開発センターを建設することも決まった。ケンタッキーのセンターは、オバマ大統領の「2015年までに100万台のプラグインハイブリッド車を走らせる」という目標を後押しするためのものだという。

オバマ大統領も認めているように、現時点での電池の分野でのアメリカの「技術力」は、先行した日本などから見てまだまだ出遅れているが、オール・アメリカンによる産官学の連携で世界のトップをめざそうというのだ。

これには、お手本がある。半導体での〝巻き返し〟だ。日本の半導体が世界を席巻していた1980年代、アメリカは国を挙げた共同開発に乗り出した。さらに、日本に対し、アメリカ製の半導体の購入を義務付ける協定を締結。その後、半導体の生産でアメリカが日本を逆転したことは、アメリカの底力を思い知らされる鮮烈な出来事だった。

また、1990年代には、クリントン政権時代のゴア副大統領が〝情報スーパーハイウェイ〟構想を打ち出した。このときも、所詮、日本が先んじていた情報ハイウェイ構想の焼き直しに過ぎないと、悠長に構えている日本人が多いなかで、あっという間に、時代はＩＴ革命へと突き進んだ。ペンタゴンによって開発されたインターネットにつながる軍事技術が巨大なインフラと結びついたとき、アメリカが途方もないスピードで追い上げ、たちまち追い抜いていったことは、歴史が実証済みなのだ。

アメリカの強み＝システム構築力

アメリカを代表するコンサルティング会社マッキンゼー。自らの顧客にも有益であるとして、率先して低炭素社会への道筋の独自分析を行い、CO_2などの温室効果ガス削減のコストがどのように経済に影響するのか、ビジネスチャンスはどこにあるのかなどを報告している。２００９年の１月に発表したレポートでは、今世紀末の気温上昇を２度以内にとどめるための温室効果ガス削減のコストは世界の年間ＧＤＰの１％未満だとして、２０１０年のタイミングで世界が本格的に対策を始める場合に比べ、１年対策が遅れるごとに目標の達成が厳しくなると指摘している。

このマッキンゼーの日本支社で、気候変動問題にかかわる事業戦略策定に携わっている中原雄司氏は、アメリカのグリーン・ニューディールと企業の動きを次のように分析している。

「日本は、いわゆる〝川上〟の太陽電池の基幹素材や加工技術、研磨技術では非常に高いものを持っていますが、やはり〝川下〟の消費者が最終的にこれを使うところまでを含めた設計や、付加価値の創造というのが重要です。こうしたシステムの構築という点では、アメリカの動きは早いと思います。スマート・グリッドにおけるGEとグーグルの連携の話も知られていますが、最近は、化学のデュポン、航空機のボーイング、さらにマイクロソフトとIBM、グーグルが連携して、〝デトロイト・プロジェクト〟を立ち上げようとしています。これは、ITを活用した新たな交通管制システムによって渋滞を減らすことでCO_2を削減する試みです。それだけでなく、衝突を予防するシステムや圧倒的に軽量化された樹脂製のボディの開発、充電インフラの設計や整備なども合わせて行い、異なる業種間の連携によって、いわば社会のインフラごとつくり変えてしまおうというものです。いったん世界標準ができれば、それをまるごと他の都市に売り込むこともできます。こういったスピード感と業種間の連携力がアメリカの強みだと思います」

レスター・ブラウンが語る「総動員体制」

こうした話を聞いていて思い起こすのが、世界的な環境学者でワシントンにあるアース・ポリシー研究所所長のレスター・ブラウン博士が力説しているエピソードだ。

「オバマ大統領は2050年までにCO_2を80%削減するという目標を掲げています。しかし、私は2020年までに80%削減すべきだと彼のアドバイザーに言いました。はるかに野心的ですが、温暖化を食い止めるには必要で、実現可能な目標です。

第二次世界大戦中にアメリカが行った総動員体制を思い出してください。1941年の真珠湾攻撃から1か月後、ルーズベルト大統領は、戦車を4万5000台、戦闘機を6万機、戦艦を数千隻、対空砲や大砲を2万基製造すると宣言しました。しかし、世界恐慌後の不景気な時代に、そんなことが可能だとは誰も思いませんでした。

ルーズベルトは、自動車産業のトップに電話をかけ、『あなたたちは、巨大な生産力を持っている。武器製造目標の達成に大きく貢献してほしい』と言いました。自動車産業のトップは、『できる限りの努力はしますが、車と武器の両方を生産するのは難しいと思います』と答えました。するとルーズベルトは『わかっていないようですね。アメリカでは今後、車の販売を禁止するのですよ』と言ったのです。実際にアメリカでは、1942年から3年間、車はまったく生産されませんでした。こうして武器の製造目標を達成することができたのです。

あの時代、アメリカの産業は、数十年でも、数年でもなく、たったの数か月で再編されました。現代のわれわれも、数年、あるいは10年以内に、エネルギー経済を再構築できるはずです」

アメリカが本気でシフトすれば、世界は変えられるという強烈なメッセージ。真珠湾を持ち出されるあたり、日本人には胸が痛いのだが、アメリカが動けば、ひょっとしたら世界は変わるかもしれないという思いも静かに湧き起こってくる。

本気で〝勝ちにくる〟アメリカ

２００７年にノーベル平和賞を受賞したゴア元副大統領が提唱している自然エネルギー転換キャンペーン〝Repower America〟にも特有の匂いがする。

「この10年でアメリカの電力を１００％自然エネルギーに転換するよう、私たち国民が行動を起こしましょう」とゴア氏は訴える。

１９６１年、アメリカ政府は10年以内に人類を月に送り込む「アポロ計画」を発表。ゴア氏はこの計画が実現できたのなら、どんな困難も乗り越えられるはずだと語りかけるのだ。

「人びとはそんなことは不可能だと思いました。しかし、８年２か月後、ニール・アー

アメリカと日本の発電用エネルギーの内訳

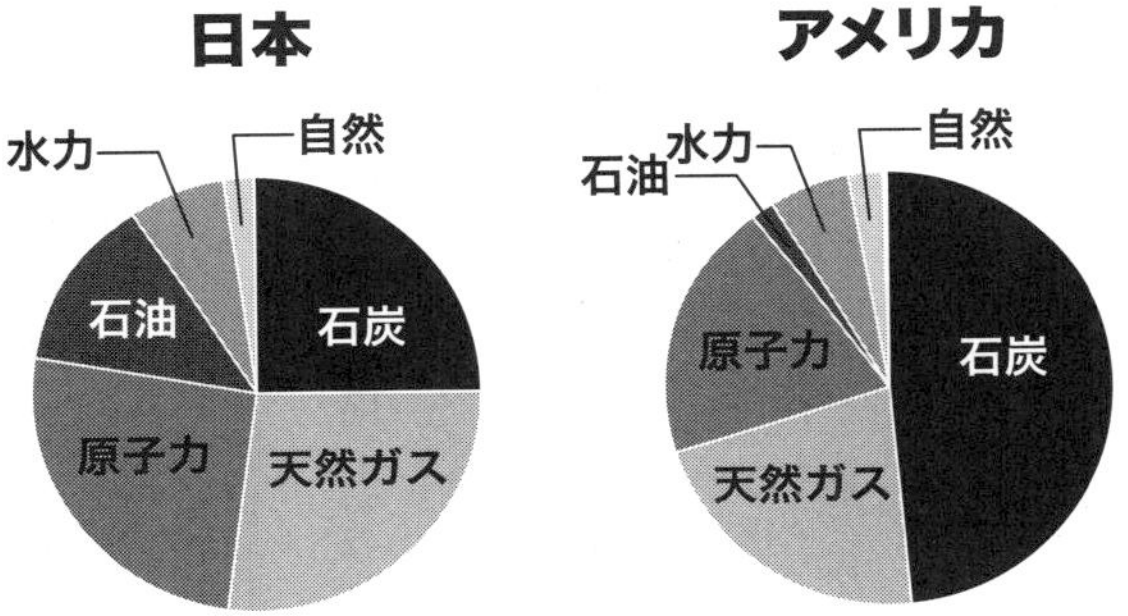

（2007年 EIA/資源エネルギー庁 調べ）

ムストロング船長らが月面を歩き、星条旗を立てました。自然エネルギー100％という目標は達成可能なのです」

現時点では、アメリカの自然エネルギーが発電に占める割合はバイオマスを入れても5％程度に過ぎない。100％という数字は非現実的に聞こえるのも確かだ。しかし、ひょっとしたら……、そう思わせるアメリカン・ドリームが、そこにはある。

「Yes We Can!」を掲げて当選したオバマ大統領。その道のりそのものがアメリカン・ドリームだという現実を思うと、オバマ大統領が本気で「自然エネルギーによる電力の割合を2012年までに10％、2025年までに25％」と語るとき、その公約は、大きな意味を持つのではないだろうか。

アルゴンヌ研究所が指摘したように、このグリーン・ニューディール政策の背景には、アメリカのエネルギー安全保障の問題がある。イラクやイランをはじめとする不安定な中東。裏庭と思っていた南米ベネズエラではチャベス大統領が石油会社を国有化。ピークオイルも大きな問題となるなか、石油だけに頼ることの危うさをオバマ大統領は熟知しているからだ。

ブッシュ政権からの水面下のうねり

思えば、ブッシュ大統領の退場とオバマ大統領の登場は、それ自身が温暖化問題における歴史上の大きな転換点を意味している。

ブッシュ大統領は、一方的に京都議定書から離脱し、「アメリカ経済に悪影響を及ぼす」と述べたばかりでなく、「科学的に根拠がない」とまで言っていた。それどころか、科学の分野に土足で上がり込み、情報操作までしていたことも明らかになっている。

2007年の下院の公聴会では、NASAの科学者や政府の調査官が「ホワイトハウスから圧力を受けた」と証言した。証言に立ったひとり、元政府の気候変動対策調査官のリック・ピルツ氏。彼が見せてくれた報告書には、ホワイトハウスの担当者（のちに大手石油会社に就職）の指示で、文面から石油産業に都合の悪い部分が削除されたり、地球温暖化の科学的影響の大きさを弱めるような表現に改ざんされた生々しい跡が、はっきりと見てとれる。

温暖化対策に後ろ向きだったブッシュ政権下のアメリカ。しかし、2009年のオバマ大統領の就任を待たず、アメリカでは水面下で大きな変化が起きていた。2007年のIPCC（気候変動に関する政府間パネル）の第4次報告書で、世界の科学者が90％以上の確かさで、「温暖化は人類の活動によるCO$_2$の増加が原因だ」としたことは、市民セクターや産業界を大きく動かしていたのだ。

ビッグ3や大手電力会社など産業界は、温暖化対策が進むヨーロッパの流れを冷静に受け止め、このままでは、この分野での世界のルール・メイキングがヨーロッパ勢によってなされてしまうと危機感を強めていた。2007年、資産総額2兆5000億ドル（約250兆円）、従業員総数2300万人という20社を超える巨大企業が、NGOと連携してUSCAP（米国気候行動パートナーシップ）を結成。将来的な投資のためには、10年先、20年先の法律がどうなっているか知る必要があるとして、連邦レベルでの温暖化対策の法律の整備を求める動きを活発化させた。

カリフォルニア州のように独自の地球温暖化対策法を定める州や、シアトル市などコミュニティレベルで京都議定書を批准する都市も相次いだ。そして、EU－ETS（EU域内排出量取引制度）などの排出量取引の国際市場に、アメリカも加わり始めたのだ。

巨大なファンドマネーもすでに動いていた。住宅バブルの崩壊を見越して、ベンチャーキャピタルは、いち早くグリーン関連分野に焦点を合わせていたのだ。このように、市民セクターやビジネスセクターを中心に、アメリカという国がしたたかに変わり始めていた動きは、これまであまり日本に伝えられてこなかった。今、突如としてグリーン・ニューディールが注目され、なぜこんなすぐに変われたのだろうと疑問に思われる方々も多いだろうが、実は2年以上前から、こうした伏線が張られていたのである。

オバマ大統領のアメリカは変われるか

ある意味、オバマ大統領は、こうしたうねりを取り込んで当選したのだともいえる。そして、2008年9月のリーマン・ショック。雇用という観点からも新たに注目されているグリーン・ニューディールは、はたして、どこまでのインパクトを持ちうるのか。

本書の冒頭で寺島実郎氏が指摘するように、その真のマグニチュードは、ここ1年以内にオバマ大統領が示す具体的な政策によって明らかになるのであろう。

2009年12月、デンマークのコペンハーゲンで開かれるポスト京都議定書を決める重要な国際会議COP15（気候変動枠組み条約第15回締約国会議）へのアメリカのかかわり方は、その試金石となる。アメリカは、2020年までの温室効果ガス削減の中期

各国のグリーン・ニューディール政策の注目点

アメリカ	15兆円投資 500万人 雇用創出
イギリス	7000基の洋上風力発電所
ドイツ	自然エネルギーの雇用 90万人 自動車産業 以上に
中国	環境・省エネ技術開発
韓国	3兆円投資 96万人雇用創出

目標をどのように打ち出してくるのか。世界最大のCO_2の排出国として長年君臨してきたアメリカの温暖化への責任をどう総括し、途上国ときちんと話し合うリーダーシップを発揮できるのか、世界が見守っている。

　アメリカのグリーン・ニューディールは、ともすれば１００年に１度の経済危機からの脱出策としての関心が高いのだが、本来、いかにして地球温暖化を食い止め、持続可能な低炭素経済に舵を切れるかという問題こそ主題である。オバマ大統領が任命したノーベル物理学賞受賞者のスティーブン・チュー博士をエネルギー庁長官とする政策チームは、そのことの重要性をきちんと認識していると信じたい。

　ＩＰＣＣの第４次報告書のあとも、最悪シ

ナリオを上回るペースでのCO_2排出量の増加が報告され、北極や南極での氷の融解の進行スピードは、科学者たちの危機感を強めている。

待ったなしの問題である気候変動に対し、グリーン・ニューディールというアプローチは、雇用を生み、経済を活性化しながらCO_2を減らせるという一石二鳥、一石三鳥の可能性を秘めているのだ。

グリーン・ニューディールを競う世界

実際に、アメリカだけでなく、世界各国がグリーン・ニューディールによる景気刺激策を打ち出している。早くから「環境産業」の育成に力を入れてきたドイツでは、自然エネルギーによる雇用90万人という目標を掲げ、2020年には自動車産業を上回る主力産業にする計画だ。イギリスは、7000基の洋上風力発電所を建設するなど、2020年までに自然エネルギーを現在の10倍に増やす。アジアも負けていない。中国では、「緑色新政」と呼ばれ、2010年までの総額57兆円の景気刺激策の柱のひとつに、省エネルギー・環境保護事業の強化を打ち出した。そして、韓国は3兆円を越える金額を投入し、四大河川の改修などを中心に、約96万人の雇用創出効果を見込んでいる。

HSBC（香港上海銀行）とフィナンシャル・タイムズによれば、とくに中国や韓国

景気刺激策に占めるグリーン・ニューディール関連予算の金額

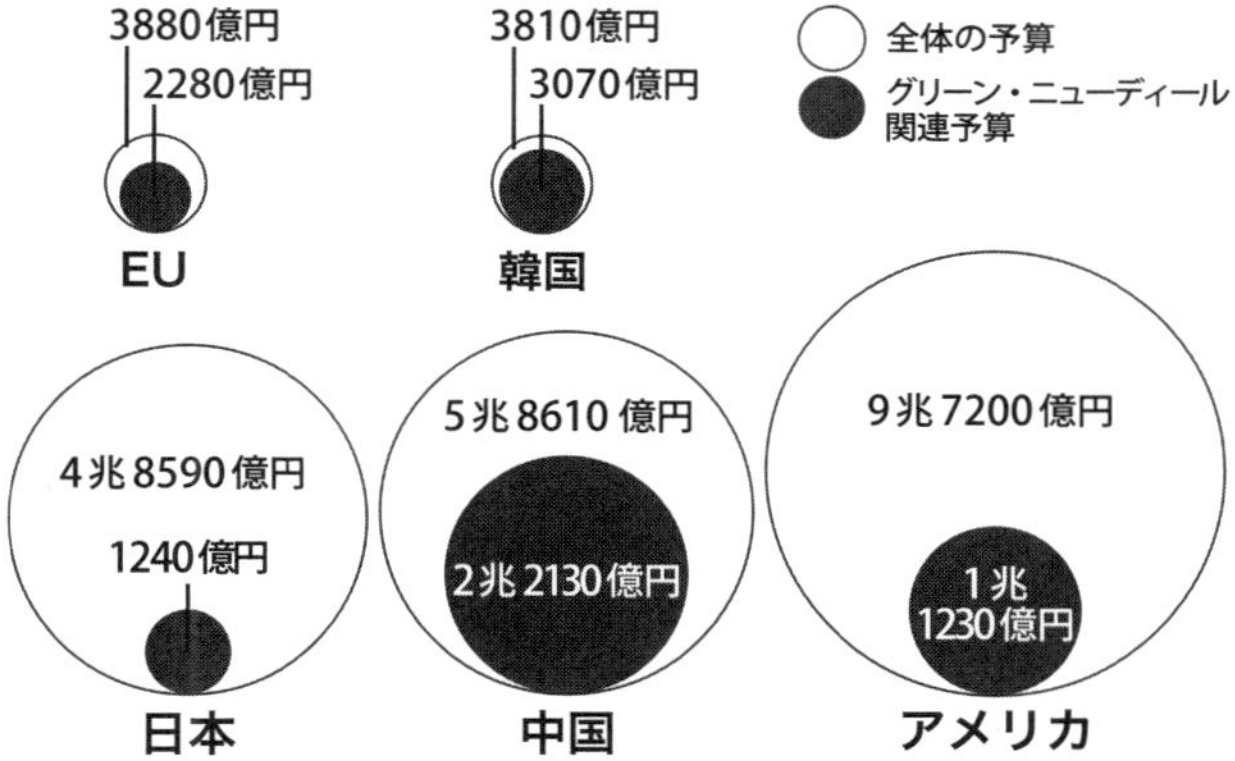

（HSBC and The Financial Times 調べ　2008年3月2日）

で、景気刺激策に占めるグリーン・ニューディール関連予算の金額の割合が大きく、中国は40％近く、韓国は80％を超えている。ちなみに環境立国をめざす日本は、２・５％、金額でもはるかに及ばない。

この基準でみれば、オバマ大統領のグリーン・ニューディールも全体の景気刺激策の12％弱にすぎない。しかし、今後に向けた決意は並々ならぬものがある。２００９年４月、アメリカ環境保護庁は、CO_2などの温室効果ガスを「公衆衛生や福祉への脅威」とする見解を発表、地球温暖化の原因と認め規制を始める方針を表明した。さらには、将来、排出量取引制度を導入し、その排出枠を競売にかけてグリーン・ニューディールの投資財源にするとみられている。

オバマ大統領の演説にもう一度、耳を傾けよう。

「15兆円を投じて、アメリカに自然エネルギー経済を築き、500万人の雇用を生み出します。わが国は外国への石油依存から抜け出し、そして、子どもたちのためにこの地球を守るのです」

化石燃料に頼った大量生産・大量消費のアメリカ型文明が、今回の経済危機を機に、ほんとうに大きく変われるのかどうか。動き出したアメリカのグリーン・ニューディールは、どこにたどり着くのか、これからも見つめていきたいと思う。


（衛星放送・堅達京子）

解説　〝失われた8年〟からグリーン・ニューディールへ

ＮＨＫ社会部デスク　渡辺健策

〝失われた8年〟と京都議定書の危機

２００１年3月、アメリカのブッシュ大統領は、先進国に温室効果ガスの削減を義務付けた「京都議定書」から離脱することを表明した。経済発展を遂げる中国などの新興国に温室効果ガスの削減を義務付けていないのは不公平だ、というのがその理由だった。実はこうした温暖化対策の不公平性をめぐる問題は、「京都議定書」の締結に至る事前交渉で繰り返し議論されていた。新興国側は、「これまで大量のＣＯ$_2$を排出してきた先進国が率先して対策を進めるべきだ」と主張し、自らの対策の強化を拒否。先進国と発展途上国の対立は激化し、交渉は破綻する恐れさえあった。

１９９７年12月、京都で開かれた気候変動枠組み条約（ＦＣＣＣ）の第３回締約国会議（ＣＯＰ３）でもこの対立は続いた。会議最終日の翌日まで夜を徹して続けられた交渉のすえ、ようやく議定書を採択したが、温室効果ガスの削減義務は先進国にしか課せられず、その削減量の合計は5％程度に過ぎなかった。

それでも各国が京都議定書に合意したのはなぜか。たとえ小さな一歩であっても、少しでも早くスタートを切ることが温暖化対策にとって重要だという認識を共有していたからだと、交渉担当者たちは振り返る。もちろん当時はアメリカも同じ考えだった。

採択された議定書には、「排出量取引（emission trade）」をはじめ、規制の対象となる温室効果ガスを代替フロン類も含む6種類とすることなど、アメリカが以前から主張していた内容が数多く盛り込まれている。ゴア副大統領（当時）は、京都会議（ＣＯＰ３）の閣僚級会合で、アメリカが強いリーダーシップを発揮するとして削減目標をめぐる交渉に柔軟に対応する姿勢を示し、暗礁に乗り上げていた交渉を打開する糸口をつくった。そしてアメリカは翌98年に、京都議定書に署名した。

しかし、その後アメリカは、共和党のブッシュ政権に移行し、京都議定書からの離脱を宣言。議定書の遵守を国際的に約束する「批准」の手続きは棚上げされることになった。議定書からのアメリカの離脱は、他の先進各国からすれば「裏切り」にも等しい行為だったが、アメリカが指摘した議定書の「不公平性」の問題は、温暖化対策の将来を考えるうえで避けて通ることのできない重要な課題だった。

中国やインドなどの新興国の経済成長が予想以上に著しく、もはや先進国の削減努力だけでは温暖化の抑止効果は不十分なことは明白だった。ところが、COP4以降の交渉でも、新興国の多くは、依然として対策の強化を課せられることに強く反発。さらに、アメリカの離脱が、新興国が新たな対策を拒む理由にもなり、交渉は一層混迷し、解決の糸口が見出せない状態が続いた。

こうした中、京都議定書はロシアが批准したことでかろうじて必要な要件を満たし2005年2月に発効したが、世界最大の排出国アメリカの離脱で、ただでさえ「小さな一歩」に過ぎなかった議定書の温暖化抑止効果は一層小さなものとなった。

日本国内の対策の遅れ

国際交渉の混迷は、日本国内の温暖化対策にも影を落とした。アメリカや中国に削減義務がない中、日本が京都議定書の枠組みで対策を進めることは、国内企業の国際競争力をそぐ恐れがある、という主張が強まってきたのだ。「そもそも温暖化は人類の排出するCO_2が原因といえるのか」といった主張も散見されるようになり、気候変動枠組み条約や京都議定書の締結前の議論に戻った感さえあった。

日本の国内対策の柱となっていた産業界の「自主行動計画」では、多くの企業がエネルギー効率の改善を目標にしており、CO_2の排出量の削減を目標に掲げる企業は少なかった。政府の審議会では「環境税」や「排出量取引」など、踏み込んだ対策の導入をめぐって、NGOや環境学者と産業界との間で激しい議論が交わされていたが、結局いずれも先送りされた。「規制的な措置は、企業の成長に枠をはめ、国際競争力や経済の活力を損なう」という意見が強かったためだ。その根拠として挙げられたのが、各国のエネルギー効率の比較だった。経済産業省がまとめたデータによると、1970年代のオイルショックを契機に省エネを進めてきた日本のGDP当たりのエネルギー使用量は、アメリカやEUなど他の先進国に比べ圧倒的に低くなっている。これ以上対策を強化することは、欧米との間で著しい不均衡を生み、企業の国際競争力を損なう恐れがある。こうした理由から、踏み込んだ温暖化対策は先送りされることになった。

しかし、自主的な対策には効果の面で一定の限界がある。「エネルギー効率の改善」を目標にしているため、生産が増えれば対策の効果は相殺され、結果的に排出量が増えてしまうケースも多い。一方、家庭やオフィス、運輸部門でも、温暖化対策は思うように効果を上げていない。「環境税」や、自然エネルギーの「固定価格

GDP当たりの１次エネルギー供給量（2004年）の国際比較

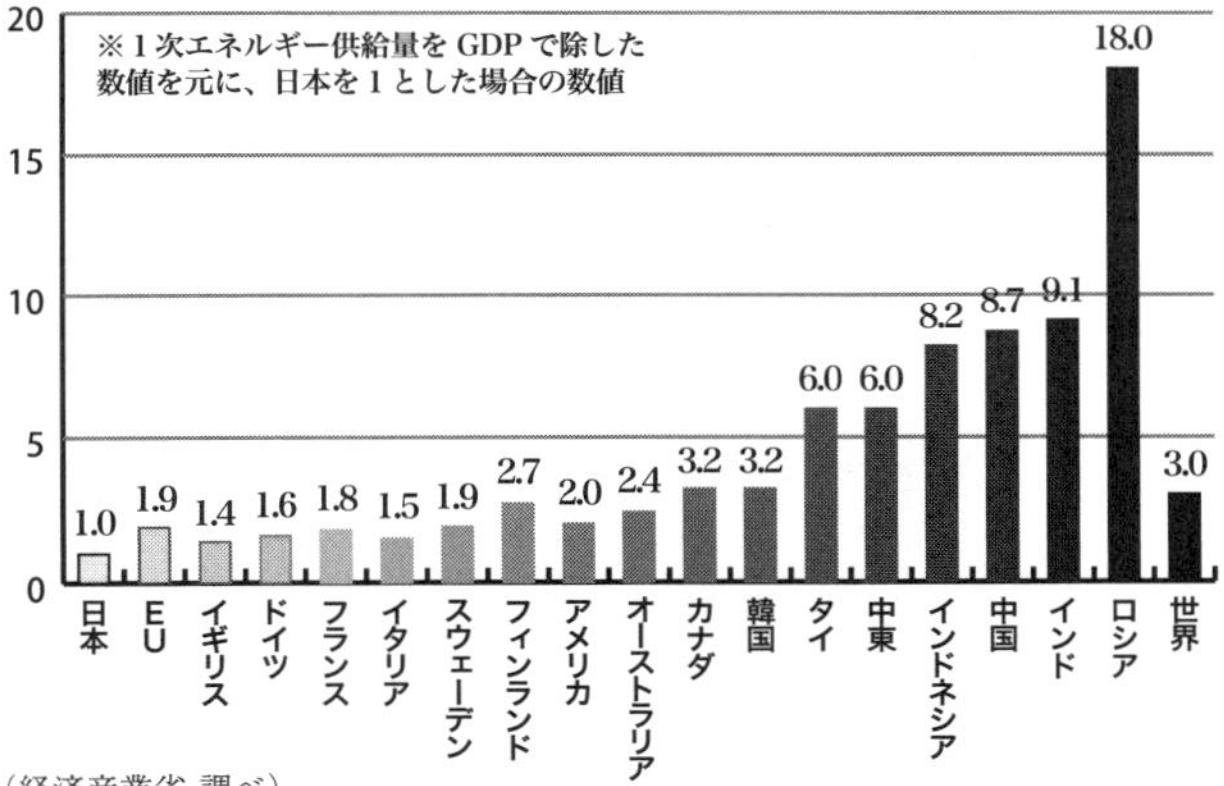

（経済産業省 調べ）

買取制度」という新たな政策を実施すれば、温暖化対策を促進する効果が期待できるにもかかわらず、費用負担をめぐる合意がなされていないことなどを理由に先送りされ続けてきたという経緯がある。

　日本の温室効果ガスの排出量は、２００７年度で京都議定書の基準となる90年の排出量をなお９％上回っている（目標は２０１２年度までにマイナス６％）。

顕在化する地球温暖化の被害？

　対策が足踏みを続けるなか、世界各地では地球温暖化との関連が指摘される現象が顕在化するようになった。

京都議定書で設定された各国の温室効果ガス削減目標

国名	基準比
オーストラリア	+8%
ノルウェー	+1%
ロシア	0%
カナダ	−6%
日本	−6%
EU	−8%
アメリカ（離脱）	−7%

ヒマラヤの氷河が溶けて山腹に大量の水がたまってできた大規模な湖、アメリカ南部を襲ったハリケーンをはじめ各地で深刻化する豪雨・洪水被害、干ばつや砂漠化の拡大、北極海の氷の縮小など、各地で様々な現象が報告されるようになった。日本国内でも、九州でコメの不作が続いたり、みかんやりんごなどの果実の品質が落ちたりと、気温の上昇が産業に影響を及ぼすようになった。夏には真夏日や猛暑日が目立つ一方、冬は暖かい日が多くなり、何らかの異変が起きつつあるのではないかと、多くの人びとが肌で感じている。

2007年11月、世界各国の科学者

などでつくる国連のＩＰＣＣ（気候変動に関する政府間パネル）は、気候システムの温暖化には疑う余地がないとする報告書をまとめた。報告書の最大の特徴は、現状の対策のままでは、地球が将来、破滅的な局面を迎える恐れがあるという警告を明確に発したことだ。農業生産の低下による食糧問題の深刻化、強大化する災害への対策、拡大する伝染病への対応など、様々な社会的なコストが増大し、大きな負担となるという予測もまとまった。国連のＣＯＰ交渉では、２００９年12月にデンマーク・コペンハーゲンで開かれるＣＯＰ15までに、京都議定書に続く新たな温暖化対策の枠組みを構築することに合意し、交渉を開始した。

低炭素革命とグリーン・ニューディール

日本の温暖化対策が自主的な対策を中心にしていたのに対し、ヨーロッパでは、新たな政策を次々と取り入れたことで「低炭素革命」と呼ばれる変革が広がっていた。CO_2の排出が多い石炭に依存する東欧諸国のＥＵ加盟により、削減の余地を手に入れたという有利さもあったが、何より戦略的な新たな制度の導入が社会システムの変化を推し進めた。

風力や太陽光など自然エネルギーで発電した電力を高い価格で買い取ることを電

力会社に義務付ける「固定価格買取制度」をはじめ、化石燃料の使用に課税する「環境税」「炭素税」、産業界への規制を伴う「排出量取引制度」を次々と導入していった。CO_2を排出することは「有料」であり、コストをかけて排出量を削減した企業は、その「環境価値」を売ることができる。つまり、「CO_2の排出」に値段をつける仕組みをつくったことで、自由主義経済の下で効率的に温暖化対策を進めることに挑んできた。この新たな取り組みが生み出したのはCO_2の大幅な削減だけにとどまらなかった。太陽光パネルや風力発電装置を生産する企業は飛躍的に成長し、新たな技術革新をもたらした。こうした社会的な変革は「第3次産業革命」あるいは「低炭素革命」と呼ばれ、産業社会のあり方を根底から変える可能性を秘めている。ドイツでは、環境産業は将来、自動車産業に匹敵するドイツ経済を牽引する主要な産業になるとも言われている。

さらに、世界経済の後退と「グリーン・ニューディール」を掲げるアメリカのオバマ政権の登場によって、環境ビジネスは、新たな経済成長の起爆剤として一層注目を集めるようになっている。石油・石炭を中心とした20世紀経済から化石燃料に依存しない新たな経済システムへの移行が急速に進むのではないか——その可能性に対する期待とともに、先行きの見えない将来への不安も広がっている。

第Ⅱ部

日本

世界一の技術力と迷走する環境政策

第8章 「グリーン産業革命」は、日本が起こす！

技術を活かす最大のチャンス

化石燃料の20世紀からクリーン・エネルギーの21世紀へ——。そのグリーン産業革命の担い手は、日本かもしれない。なぜなら、太陽電池、電気自動車、リチウムイオン電池（蓄電池）という環境分野の中核技術を持っているからだ。太陽電池の生産は、シェアが低下しているとは言え、トップクラスの実績だ。電気自動車は２００９年、三菱自動車が、世界に先駆けて量産に乗り出し、各社も続く。リチウムイオン電池は、世界生産の63％（矢野経済研究所調べ）を日本メーカーが占める。グリーン・ニューディールは、まさに日本の環境技術を最大限活かすチャンスなのだ。

東大教授の意欲と心配

しかし「日本は、うかうかしてはいられない」と言う人も少なくない。そのひとりが、東京大学工学部システム創成学科の宮田秀明教授だ。東大工学部のレンガ造りの古い建物を3階まで上がり、研究室を訪ねると、毎回、静かな語り口で新しい視点を示してくれる。世界最高峰のヨットレース「アメリカズ・カップ」の「ニッポンチャレンジ」チームで、テクニカル・ディレクターも務めた宮田教授。技術だけではレースには勝てないと言う。

「いくら、技術的にすぐれたヨットを設計してつくっても、レースに勝てなければ意味はない。勝負に勝つには、技術と性能にこだわるのではなく、全体最適をめざす構想力と新しいビジネスモデルが必要だ。すぐれた環境技術を活かした製品も、単品の技術の開発や製造だけにこだわっていては、パソコンや薄型テレビなどのように、コモディティ化、つまり単なる日用品のようになってしまい、値下げ競争に巻き込まれる恐れがある」

宮田教授が、今、コモディティ化を警戒しているのが、リチウムイオン電池だ。パソコンや携帯電話に使われているが、最近では、電気自動車にも採用されている。「グリーン産業革命」の中核となる技術だ。前述のとおり、日本メーカーが圧倒的な強みを持っている。宮田教授は、日本メーカーが、このリチウムイオン電池で、有効なビジネスモデルを描けず、単なる開発と生産の競争に終始すると、コモディティ化し、安い一般部品となってしまわないか、と心配している。

リチウムイオン電池を新たな「社会インフラ」に

リチウムイオン電池で日本が勝てるビジネスモデルをつくる。宮田教授はプロジェクトを立ち上げた。「二次電池による社会システム・イノベーション」。２００８年6月のキックオフ・ミーティングには、80社１４０人が参加。宮田教授の研究室には、企業の幹部や官僚が、今も日参する。

なぜ、「社会システム・イノベーション」と名づけたのか。

1　リチウムイオン電池は、大量の電気を貯められる。このため、電力需要の大きな変動を平準化する「バッファー」の役割を担える

2　発電量が不安定な太陽光や風力から生まれた電気を、リチウムイオン電池に貯めることによって、無駄なく使うことができる

3　リチウムイオン電池は、電気自動車に搭載される。このため、「動く蓄電池」として、様々な場所で、電気を貯められる

4　家庭で充電できる自動車のリチウムイオン電池を、家庭に逆流させて使うこともできる（第3章でも紹介したVehicle to Grid＝Ｖ２Ｇという技術）

リチウムイオン電池のシェア

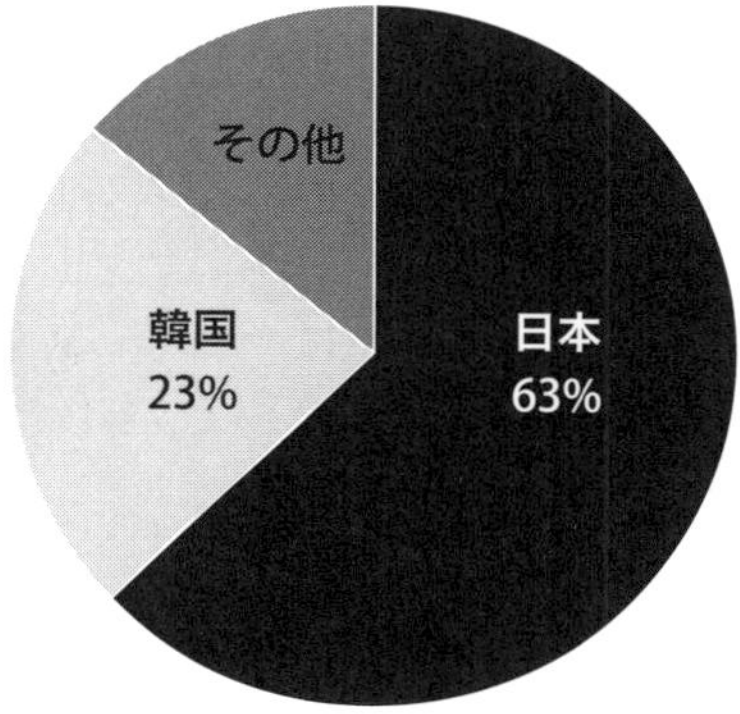

（2007年 矢野経済研究所 調べ）

つまり、リチウムイオン電池は「環境とエネルギーのインフラ」になるというのだ。

「家庭に取り付けた太陽光パネルから生まれた電気で、車を走らせる。夏の暑い日、冷房を使いたいけど、電気代を抑えたいので、電気自動車に貯めた電気を家に戻して使う」

こんな暮らしが実現できるという。

電気自動車が、動く蓄電池になる。このことのインパクトがいかに大きいか。少し古いが、電力中央研究所の試算もある。８０００万台（２０００年の国内自動車登録台数）が、高性能の電気自動車に置き換わり、太陽光や水力、原子力など化石燃料を使わずにできた電力で充電すれば、自動車からのCO_2の排出量は、２０００年の実績と比べて、38％削減。ガソリン使用量も２００３年度の実績と比べて、7割削減できるという。

さらに、リチウムイオン電池は、オフィスビルやショッピングセンター、マンション、住宅にも取り付けられる。

「マンションに太陽光パネルを取り付け、電気自動車に充電。この電気自動車を住民がシェアして利用する」

「太陽光パネルとリチウムイオン電池を組み合わせ、エネルギーの自給自足をめざした住宅」

宮田教授のもとには、様々なプランが持ち込まれる。

さらに、宮田教授が強調するのは、自然エネルギーと電気自動車、リチウムイオン電池を、情報ネットワークで結ぶことだ。常に変動する電気の需要と供給を調整する司令塔の役割は、情報システムが担わざるを得ない。第3章で見たように、GEやグーグルが、スマート・グリッドに関心を寄せているのが、その証明だ。そして、電気を効率よく使う、つまり全体最適を実現するための役割を担うのは、電気を貯められる自動車とリチウムイオン電池なのだ。

宮田教授は確信している。

「リチウムイオン電池は、間違いなく社会インフラになる」

電気自動車元年

「加速がスムーズだし、静かでしょう」

こう話すのは、三菱自動車の益子修社長。２００９年、世界に先駆けて量産する電気自動車「ｉ ＭｉＥＶ」。赤と白の鮮やかなツートンカラーのこの車を社長車として使っている。最高スピードは、時速１３０キロ。家庭でひと晩充電すれば、１６０キロの距離を走れる。日本自動車工業会によると、軽自動車の利用者の1日平均の走行距離はおよそ16キロ。軽トラックなどの軽商用車でも85％が半径30キロ以内で行動している。「１６０キロなら十分だ」と、益子社長は胸を張る。

２００９年は「電気自動車元年」と言われる。富士重工業もひと晩の充電で80キロ走れる電気自動車「プラグイン　ステラ」を発売する。日産自動車も8月に電気自動車を初めて披露する予定、２０１０年秋からは神奈川県横須賀市の追浜工場で生産を開始すると発表した。

電気自動車は、これまでも石油ショックに見舞われた１９７０年代などに注目を集めた。しかし、電池の性能や充電インフラを解決できずに普及しなかった。しかし、こんどは違う。リチウムイオン電池という高エネルギー・高出力密度の電池を搭載することで、航続距離は大幅に伸びた。

三菱自動車「i MiEV」

電気自動車に大量に搭載されるリチウムイオン電池。その重要性に、気付かないメーカーはない。

２００９年４月22日。この不況の最中、京都府福知山市で工場着工の鍬入れ式が行われた。ホンダと日本トップクラスの電池メーカー、ジーエス・ユアサが共同で２５０億円を投じ、ハイブリッド車用のリチウムイオン電池の工場を建設するのだ。そのほか、東芝は２００８年12月、新潟県柏崎市にリチウムイオン電池の工場を新設すると発表。日立も２００９年４月１日付けで、電池事業統括推進本部を設置。リチウムイオン電池の事業の強化を表明した。不況に投資を絞るメーカーだが、リチウムイオン電池への投資だけは特別扱いだ。

さらに、インフラ整備も急速に進む。

2009年3月31日、経済産業省は「EV・pHVタウン」を選定した。EVとは、電気自動車（Electric Vehicle）。pHVは、プラグインハイブリッド車（plug-in Hybrid Vehicle）のことだ。東京、神奈川、青森、新潟、福井、愛知、京都、長崎の8都府県で、2009年度から充電インフラの整備が進められる。

企業もインフラ整備に動き始めた。ガソリンスタンドに充電スタンドを――。石油元売り大手の昭和シェル石油は、2009年3月、神奈川県藤沢市のガソリンスタンドに、15分でほぼフル充電できる設備を導入。今後も増やす計画で、石油会社の大転換だ。日本ユニシスは、充電スタンドの設置と利用者の認証、さらにはスタンドの位置情報の提供や課金システムを担うインフラビジネスに参入することを発表。青森県に提供するという。またイオンは、2008年10月、埼玉県越谷市に開業したショッピングセンターに急速充電器を設置した。「買物の合間に充電を」というわけだ。ローソンも、充電スタンドの設置を検討するという。

2009年は、まさに「電気自動車元年」として記憶されるかもしれない。

電気自動車は主役になれるか

「『i MiEV』の販売価格は、政府の補助金込みで、300万円前後になる」

電気自動車普及のカギを握る価格について、三菱自動車はこう話す。将来的には1台200万円をめざすというが、現状では高いと言わざるを得ない。

また、充電インフラの整備には、時間がかかるという見方もある。充電スタンドの設置には1台数百万円かかるが、電気自動車をフルに充電しても、料金は200円前後にしかならないからだ。政府の後押しがあるとは言え、現時点では、民間の投資に多くは期待できない。電気自動車がすぐにクルマ社会の主役になるとは考えにくいのが現状だ。

ただ、「車の電動化」は、着実に進むと見られている。電気自動車だけでなく、家庭用の電源で充電でき、ガソリンエンジンも併用できるプラグインハイブリッド車の普及が期待されているからだ。プラグインハイブリッド車のメリットは、ガソリンエンジンを使えるので、電池切れの心配がないこと。しかも、電池の容量と使い方次第では、実質的に電気自動車と同じように使えるという評価もある。もちろん車の価格次第だが、充電インフラの整備が遅れても普及は期待できる。トヨタは2009年度中にも、プラグインハイブリッド車を発売する計画だ。三菱商事も、2020年時点での販売台数は、電気自動車の100万台に対して、プラグインハイブリッド車は、その3倍の300万台と予測している。また、政府は、「2020年までに、販売される新車の2台に1台は電気自動車やプラグインハイブリッド車を含めた次世代の自動車にすることをめざす」という方針を掲げ、普及促進策を進めている。さらに、2025年の乗用車の生産台数が年間1億台として、およそ半数の車に、電池が搭載されるという業界の予測もある。

変革を迫られる自動車メーカー

「電気自動車の時代が近づいているかもしれない」

2009年5月13日、横浜市・山下公園近くで行われたイベントは、そんな熱気に包まれた。「カセット式」と名づけた新しい電気自動車と、電池の自動交換装置が世界で初めて報道陣や企業関係者に公開されたのだ。「カセット式」電気自動車とは、電池をカセットのように簡単に着脱できるようにつくられた電気自動車を指す。電気自動車が、交換装置の上に停まると、車体の下からスタンドがせり上がり、電池が自動的に取り外される。かわって、あらかじめ充電された電池が車体の下までせり上がる。すると、車体が電池を爪で引っかけて、取り付けと交換が終わる。この間、1分20秒。ガソリンを満タンにするより、時間がかからないという。

「カセット式」電気自動車の電池交換

公開したのは、電気自動車の新しいビジネスモデルを掲げて、世界中から注目されているアメリカ・カリフォルニアのベンチャー企業「ベタープレイス」。そのビジネスモデルは、これまでの自動車メーカーの常識を超えるものだ。

電気自動車は、電池抜きで販売する。一方、電池は、走行距離に応じて使用料を取る。つまり、車と電池を切り離したビジネスモデルを提案しているのだ。確かに、1台200万円とも言われる電池を付けなければ、電気自動車本体の価格は大幅に引き下げられる。また、自動交換装置を使えば、家庭で数時間かかる充電を、あっという間に済ませることができる。値段が高く、充電に時間がかかるという電気自動車の普及の壁を、一気に克服できる。電気自動車で長距離を移動することへの不安も解消できる。ベタープレイスは、電池と交換ステーションの運営・管理といったインフラビジネスで収益を上げるのが狙いだ。

電池の交換ステーションは、50万ドル、日本円でおよそ5000万円で設置できるという。さらに、交換ステーションに、太陽光パネルを設置し、その電気で電池を充電すれば、まさに、石油依存から脱却し、自然エネルギーで車を走らせることができる。

この構想は、アラブ諸国が影響力を持つ石油の支配から逃れたいイスラエルと、風力発電の導入が進むデンマークで、すでに採用されることが決まっている。日本では、環境省と横浜市が支援して実証実験が行われる。イベントには、環境省の西尾哲茂事務次官も駆け付けた。シャイ・アガシCEOは「石油に依存した自動車はパラダイムシフトをしなければならない。新しい時代が来たのだ」と高らかに宣言した。

ただ、この「カセット式」電気自動車は、電池の性能が上がれば不要になると言う人も少なくない。また、発想を支持する自動車メーカーも限られるという見方もある。なぜなら自動車メーカーにとって、電池はいまやビジネスの付加価値を生み出す源泉だからだ。電池とモーターで動く電気自動車は、部品の点数が少なく、ガソリン車より製造が簡単だと言われている。このため、自動車メーカーは、電池の性能を上げ、コストを下げることで、他社との差別化を図ろうとしている。そのために、電池の生産会社を傘下に収めたり、出資をしたりしている。ところが、ベタープレイスのビジネスモデルは、その付加価値の源泉を分け合うことになる。実際、アガシCEOが、この構想をメーカーに持ち掛けた時〝crazy〟という反応が返ってきたという。応じたのは、日産・ルノーのカルロス・ゴーンCEOだけだった。ゴーンCEOは、電気自動車の価格を抑えるためにも、「電池をリース形式にすることも検討する」と発言している。公開された「カセット式」電気自動車も、日産の「デュアリス」がベースになっていた。イスラエルとデンマークでの事業も、ルノーとの協力で展開される。ただ、日産は、日本でベタープレイスと協力するかどうかは、現時点で態度を明らかにしていない。

ベタープレイスは、日本で、どのように事業を展開するのか。その構想もユニークだ。東京のタクシー5万8000台をすべて「カセット式」電気自動車に切り替えようと提案しているのだ。タクシーは5年間で償却される。このため、5年間で東京の全タクシーを「カセット式」電気自動車に置き換えることが可能という。そして、東京に100か所ほどあるタクシー用のLPガスの燃料ステーションも、電池交換ステーションに置き換える。年間1万台以上の需要が生まれ、自動車メーカーにとっても、魅力的な需要が生まれる。ただし、前提となるのは、あくまで、日本でも電池交換ステーションをつくれるか、協力する自動車メーカーやタクシー会社が現れるかにかかっている。ベタープレイスの日本法人の藤井清孝社長は、パートナー探しに自信を見せている。

「タクシーが電気自動車になること。これこそ、グリーン・ニューディール。秋までには、日本でのプランを明らかにできるでしょう」

電池だけ自動車から切り離したビジネスモデル。東大の宮田教授は、別の面から「合理的だ」と指摘する。リチウムイオン電池の寿命は、自動車の寿命以上に長く、電池独自のビジネスモデルをつくることが可能だと考えるからだ。使わなくなった電気自動車からリチウムイオン電池だけを取り外して、そのまま家庭で蓄電池として使い続けることもできる。これによって、使用料を取ることもできるし、買い取ってもらうこともできる。このことは、自動車メーカーに、自動車を売って終わりというビジネスからの転換をもたらすかもしれない。つまり、車だけを売り切るビジネスから、リチウムイオン電池を使い続けてもらうことにより、長期的な安定収入を得るという新たな収益の基盤を築くことも可能になるのだ。

宮田教授は、そのためにも「電池は、使用状況、生産時期などを単品ごとに管理すべきだ」と提唱している。これは、リユース（再使用）、リサイクルの促進にもつながり、ビジネスチャンスが広がる。電池の使用状況がわかれば、電気自動車やプラグインハイブリッド車の中古車の価格もつけやすくなる。実際、自動車メーカーも、安全管理のためにも、電池のセルごとの管理は行うという。

車をつくって売るだけのビジネスからの脱却。リチウムイオン電池は、自動車メーカーを、社会インフラ企業へと変貌させるインパクトも秘めているのだ。

電気自動車はクルマ社会を変える？

「21世紀のクルマ社会は大きく変わる」

そう期待するのが、三井物産の自動車本部自動車総合戦略室長の佐藤秀之さんだ。三井物産は、21世紀のクルマ社会の姿を探り、新しい自動車のビジネスモデルを築くため、２００７年7月に自動車総合戦略室を発足させた。その具体化として、２００９年1月から始めたのが「カーシェアリング」事業だ。

若い世代の車離れ。環境への関心の高まり。「環境にやさしい車を必要な時だけ使いたいというニーズに応えるのが、21世紀のカーシェアリングだ」と佐藤さんは言う。カーシェアリングは、レンタカーと違って、短い時間でも借りることができる。会員制も特徴だ。１台の車を複数の会員で「分け合って」使うことから、カーシェアリングと呼ばれる。

三井物産が手がけるカーシェアリング。名前はcar+ecoで「careco（カレコ）」。まずは東京の都心部で事業を始め、5年後には1000台の車を所有し、2万人の会員獲得をめざしている。利用者は、会費と利用した時間や距離に応じて料金を支払う。インターネットや携帯電話から予約でき、24時間利用できる。このカーシェアリングに、三井物産は、ハイブリッド車と電気自動車を使う。

「カーシェアリングは、電気自動車の普及に向けたプラットフォームになるんです」

佐藤さんは、こう話す。電気自動車は高くて買えないが乗りたいというニーズに応えられる。利用者は、短い距離しか走らないケースが多いので、電池切れの心配がいらない。さらに、車をITで管理しているメリットも大きい。課金や位置情報の把握に加え、ドアの開け閉めまで遠隔操作できる車の管理システム。将来は、電気自動車の電池のセルのモニタリングも可能になるという。環境への取り組みをアピールしたいオフィスビルやマンションとの連携。地方都市ではフランチャイズ展開。佐藤室長の構想は膨らむ。

「カーシェアリングを通じて、電気自動車を公共財にしたい」

電気自動車は、「所有から利用へ」というクルマ社会の変化の潮流を加速させるかもしれない。

電気で移動する社会

「電気で移動する社会」が実現するかどうか。注目は、電気自動車だけではない。電動二輪車や電動アシスト自転車もある。とりわけ、電動アシスト自転車の販売の伸びには目を見張る。出荷台数は２００８年、30万台を突破。原付バイクを上回った。ＮＨＫの番組「経済ワイド　ビジョンｅ」に出演した、ヤマハ発動機の小林正典氏は、「最近、通勤や宅配業務、事務機器の訪問サービスなどに使っていただけるようになった」と話す。ガソリン車やバイクから電動アシスト自転車へというシフトが起きているようだ。電池の性能が上がったため、４時間の充電で１３０キロをアシストできるものもある。価格はまだ高いという印象だが、それでも最近では６万円台のものもあるという。２００８年12月、道路交通法が改正され、より強い力でアシストできるようになったのも追い風になっている。さらに、２００９年７月には、子どもを乗せる自転車の３人乗りが認められる見通しだが、それにあわせた製品開発も進められている。

電動二輪車でも興味深い動きがある。日本ではなく、アメリカでの話だが、ＧＭ（ゼネラル・モーターズ）が、立ち乗り電動二輪車の開発で知られるセグウェイと組み、電動二輪車の開発を進めているのだ。もちろん普及の保証はないが、事業が存続できるかの瀬戸際に立たされているＧＭが、なぜ、電動二輪車をアピールするのか。期待のあらわれと見るのは、深読みだろうか。パートナーのセグウェイは、日本でも、販売拡大に意気込みを見せている。今は禁止されている公道での走行が可能になるよう、横浜市に申請中だと伝えられている。

長距離の移動は、電池を簡単に交換できる「カセット式」電気自動車やプラグインハイブリッド車。近場の移動は、電気自動車のカーシェアリングか、立ち乗りも含めた電動二輪車、さらには電動アシスト自転車。その電源は、可能な限り自然エネルギーなどを利用し、化石燃料は使わない。クリーンな電気で人が移動する社会。そんな社会が近づいている。

太陽電池の盟主「シャープ」の変身

「太陽電池は、油。太陽電池の工場は、油田だ！」

日本が誇る環境技術のひとつ、太陽電池。その製造で長年、世界トップの座にあったシャープの町田勝彦会長の言葉だ。シャープは今、太陽電池のビジネスで大きく変身しようとしている。

「電力会社になる」というのだ。イタリア最大の電力会社エネルと共同で太陽光発電所を建設し、運営する。発電所で使う太陽電池は、もちろんシャープ製。シャープは、太陽電池をつくって売るだけのビジネスから脱却し、発電所にも参入することで、太陽電池から生まれる付加価値を最大限、収益にしようとしている。

さらに、シャープは踏み込んだ決断をした。2009年4月8日、シャープの東京市ヶ谷ビルで行われた会見で、片山幹雄社長はこう宣言した。

「シャープは、ビジネスモデルを変える。海外の生産では、現地のパートナー企業と組む。そして、プラントを利用したエンジニアリング事業を手掛ける」

これまで、生産技術の囲い込みと国内での生産にこだわってきたシャープが、その技術を海外に積極的に出していくというのだ。シャープが言うエンジニアリング事業。その仕組みはこうだ。シャープは、海外の有力メーカーと合弁会社をつくり、工場を建設する。そして、生産技術を提供する。そこから得られる技術指導料やロイヤリティ、合弁会社の配当で、収益を上げる。合弁会社への出資は、半分以下にとどめ、投資リスクを抑えて安定的に収益を上げるモデルだ。太陽電池の生産技術を切り札に、エンジニアリング事業、発電事業といった形で、どんどん付加価値を取り込もうとしている。

そもそも、太陽電池は、価格競争に巻き込まれやすい製品だとも言われる。世界の環境ビジネスを見続けている日本総合研究所の井熊均氏は言う。

「太陽電池は、モノづくりの強みを活かしにくい。さらに、メガソーラー（大規模な太陽光発電所）で使われる太陽電池などは、大量のパネルのうち、少し不良品が入っていても投資回収率に影響を与えなければ、問題とされない。日本の製造技術の高さを活かしにくい製品だ」

実際、参入障壁も低い。太陽電池は、生産ノウハウのない企業もどんどん参入している。アメリカのアプライドマテリアルズや日本のアルバックなどが、「フルターンキー方式」、つまり製造ラインを一括して納入し、「機械に鍵を差し込めば、すぐにでも生産できる」という体制をとっているからだ。アジアで太陽電池の製造ラインの納入を急拡大したアルバック。中村久三会長は「中国では、靴屋まで、太陽電池をつくろうとしている」と語っていた。太陽電池の製造は、過当競争と言っても過言ではない。ヨーロッパのメガソーラー向けに市場が急拡大した太陽電池も、在庫が一時膨れ上がったという。

太陽電池の事業で、新たなビジネスモデルを打ち出し、変身を遂げるシャープ。技術力をフルに収益につなげ、価格競争に巻き込まれまいとする日本のメーカーの新機軸だ。

太陽電池と電気自動車をつなげ

企業や社会を大きく変える可能性を秘めている日本の環境技術。「技術の連携」も注目だ。なかでも重要なのが、「太陽光発電」と「電気自動車」の連携だ。

実験はすでに始まっている。2009年2月24日、東京都目黒区にある東京工業大学大岡山キャンパスの一室を取材で訪れた。そこでは、実証実験の打ち合わせが行われていた。集まったのは、東京工業大学統合研究院の黒川浩助特任教授と大学の研究者、三菱商事、リチウムイオン電池の生産を手がけるジーエス・ユアサ、そして、住宅の販売を手掛けるトステム住宅研究所も顔を揃えた。この4者の共同研究。東京工業大学が、実験全体のデータ収集や学術的な研究を行う。ジーエス・ユアサは太陽光発電の充電と、その電力を電気自動車に送るときに必要なパワーコンディショナーというシステムの構築を担当。トステム住宅研究所は、太陽電池を最大限利用するための省エネ住宅をつくる。そして、こうしたシステムをパッケージとして、自治体などに販売することをめざすのが三菱商事という役割分担だ。

三菱商事の中井康博さんに、東京工業大学キャンパス内にあるシステムの心臓部を案内してもらった。建物の隣にはこの夏に販売が開始される三菱自動車の「iMiEV」が駐車され、コンセントにつながれていた。その建物の屋上には、2・64キロワット分の太陽電池が設置されている。一般家庭や自治体などでの利用を想定しているため、太陽電池の出力はあまり大きくしなかったと言う。システムの心臓部であるパワーコンディショナーは、建物の隣の林の中、畳6畳ほどの小さなプレハブの中に置かれていた。

意外に小さい。モニターとして置かれている画面には、太陽電池が今どのくらい発電していて、どのくらい電気自動車の蓄電に使われているのかといった情報がリアルタイムで表示されている。パワーコンディショナーの横には、小さなラックがあり、中には、ジーエス・ユアサの鉛バッテリーが敷き詰められている。太陽電池で発電された電気は一度ここに蓄電されるのだ。

研究では、発電量の変化や電気自動車の充電状況を24時間記録して電気自動車を走らせるのに必要な太陽光発電の効率的なパネルの大きさを調べる。晴れた日に発電して使わなかった電力を無駄なく蓄える方法についても研究を進める。

太陽光発電の弱点。それは、発電量が不安定なこと。さらに現在は、太陽光パネルで発電され、家庭で使われなかった電気は「逆潮流」という形で送電線に戻されている。今後、太陽光パネルが増えていったときには電力システム全体に悪影響を及ぼすことが心配されている。

しかし、今回の実験では、電気自動車が使用中で家にない時に太陽光パネルで発電された場合、一度、蓄電池に電気を蓄え、電気自動車が戻ったら充電するという仕組みだ。この方法であれば、発電した電気を無駄なく電気自動車で使うことができる。

「自然エネルギーを市民の暮らしの中で、どうやってたくさん利用していくのか。そのスタート台になるような実験だ」

黒川教授は、実験の意義をこう語る。

めざせ!「電気代ゼロ」住宅

東京・葛飾区にあるトステム住宅研究所のモデルハウスには、「電気代ゼロ」をめざし、ありとあらゆる省エネ技術が施されている。日中、電気をつけなくても明かりが取れる大きな天窓。照明は消費電力が少ないLED。壁には日中の太陽の熱を貯め込み、気温が下がると熱を出す蓄熱壁と呼ばれるものが使われ、室内の温度をコントロールする。消費電力を極限まで少なくしたうえで、余った電力を電気自動車に使う。

さらに、この実験では、将来的に、電気自動車に貯めた電気を、家庭に戻して利用するVehicle to Grid(V2G)を行う構想もある。現在は、蓄電池から送電線に電気を戻すことは、電気事業法上できない。また、三菱自動車も「まずは自動車としての安全性を優先する」という立場から、電気自動車を電源代わりに使うことには消極的だ。しかし、「i MiEV」に搭載されているリチウムイオン電池には、一般家庭が使う1、2日分の電気を貯めておくことができる。今後、太陽電池や電気自動車が災害時の非常用の電源設備として利用される可能性も秘めているのだ。

トステムの“省エネ住宅”

米粒が集まれば大きな力に

家庭の太陽電池と電気自動車を組み合わせて使う。こうした取り組みが、どのような意味を持つのか。黒川教授は、こう語る。

「家庭の屋根に取り付けた太陽電池も、電気自動車も、ひとつひとつは米粒とか砂粒のような小さなもの。でも、たくさん寄せ集めると、実はすごい力が生まれる。一軒一軒の家に太陽電池を取り付けたり、電気自動車にエネルギーを注入したりするだけだが、それをみんなが、東京のような大きなコミュニティでやったら、実は原子力発電所をつくるよりも強力な武器になる」

黒川教授は、一軒一軒の家の太陽電池と電気自動車の集合体が、いつの間にか、日本のエネルギーの5%とか10%を供給できる量になる可能性があるという。市民一人ひとりの米粒のような取り組みが、日本のエネルギーシステムそのものを変えうるというのだ。家庭の太陽電池と電気自動車が、社会を変える大きな原動力となる。「日本版グリーン・ニューディール」は、家庭から広がるのかもしれない。

忘れてはならない「金融」の力

「日本の環境技術が世界に広がるのか。実は、カギを握るのは、金融の力だ」

こう語るのは、東京海上キャピタルの飯野将人氏と、三井住友海上キャピタルの堤孝志氏だ。ふたりは「クリーン・テクノロジー」にいち早く注目。アメリカで出版された「クリーン・テクノロジー革命」に関する書籍を翻訳し、各種メディアや会合でも情報発信を積極的にこなす。環境ビジネスの成長にとって、金融がいかに大切か。その象徴が、太陽電池だと言う。

「ドイツのベンチャー企業、Qセルズは、5年間で、売上を50倍近くも増やし、世界トップの太陽電池メーカーになった。中国のベンチャー企業、サンテックパワーが、日本勢を次々と追い抜き、世界トップクラスの太陽電池メーカーになれたのも、市場から潤沢なリスクキャピタルを確保し、生産に投じることができたことが大きく影響している」

アメリカのITベンチャーの拠点「シリコンバレー」が、「グリーンバレー」という呼び方をされるまでにクリーン・テクノロジーへの関心が高まったのも、ベンチャーキャピタルの影響が無視できないと言う。ノーベル平和賞を受賞した、アル・ゴア元副大統領もパートナーになっているベンチャーキャピタル「クライナー・パーキンス」。グーグルやアマゾンへの投資で成功したことで知られるこのベンチャーキャピタルが、クリーン・テクノロジーに投資するファンドを組成したことが、うねりをつくった。さらに、クライナー・パーキンスが、オバマ政権に近いとされたことで、アメリカでは環境への投資の流れが加速したと見る。

足元を見れば、アメリカでも、金融危機で環境分野への投資の流れは細っている。2009年1~3月期のベンチャーキャピタルの環境技術への投資額は、前期比で84%減少。2008年には、410億ドル（約4兆1000億円）だった投資額も、2009年には6億ドル（約600億円）に激減するという見通しさえ出ている。さらに、日本は、高齢者が金融資産を豊富に持つため、リスクをとれるマネーが少ないと言われる。「日本では、環境関連として名が知られる上場企業の株価が上がるくらいで、投資家の資金が、ベンチャー企業にまで行きわたっていない。加えて、昨年末以降の太陽電池の在庫急増やシリコン価格の急落といった短期的な動きに目を奪われ、環境への投資意欲は薄れている」と指摘する。しかし、中長期的な視点で、環境分野にリスクマネーを呼び込まないと、日本はせっかくの技術を活かせず、環境ビジネスも広がらないと警鐘を鳴らす。さらに「ベンチャーキャピタルなど金融も〝うねり〟をつくることに、もっと主体的に関わるべき。私たちはできることから始めてみたのです」と語る。

「太陽電池にしろ、風力発電にしろ、環境分野では今、世界規模で数兆円の事業機会が、津波のように押し寄せている。しかも、この新産業の津波は、素材の生産から、太陽電池などの製品の製造、さらには応用製品や設置・保守サービスまで、バリューチェーン（価値連鎖）全体にまたがっている。様々なビジネスチャンスがあり、投資家や事業家がこの波に乗ることを決心するかどうか次第だ」

ビジネスは「人×技術×資金」だ。今は政府が環境分野に資金を投じているが、これに頼り続けるわけにはいかない。日本の環境分野への投資が息切れしないよう、民間の資金をどれだけ呼び込めるか。この点も、日本の環境ビジネスの将来を左右するかもしれない。

日本と中国が環境技術で組む

日本の環境技術を活かすカギ。取材していて、よく聞くキーワードは「中国」だ。

前述のベンチャーキャピタリスト、飯野氏と堤氏も、

「世界的にはすでにかなりクリーンな経済を実現している日本のすぐれた環境技術を中国という、これからクリーンになる余地が大きな市場で活かすことが、ビジネスとして、とても重要であり、それは中国や世界全体にとってもプラスなことだ」と指摘する。

ただ、大手メーカーを取材すると、中国は難しい市場だという声も少なくない。技術が流出することや、技術を供与した見返りが得られないことなどを心配しているのだ。

しかし、中国は、環境立国をめざしている。

「中国の環境投資への意思の強さを肌で感じる」

こう語るのは、中国・天津市のエコシティ構想でアドバイザーを務める日本総合研究所の創発戦略センター所長、井熊均氏だ。月に1回は天津市に足を運ぶという井熊氏。中国の実行力とそのスピードに圧倒されると言う。計画では、10年から15年をかけて、人口20～30万人のニュータウンを建設。地区全体で自然エネルギーの使用率は20％、廃棄物のリサイクル率60％といった目標を掲げている。金融危機の影響も受けずに、工事は着々と進んでいる。ただ、環境技術の導入に当たっては、当局から「日本企業を優先

しないように」と釘をさされている。

「中国は、環境技術で世界をリードする決意だし、自信も持ちつつある。しかも、計画には、シンガポール政府も資金を投じ、技術の導入を狙っている」

世界のメーカーは、こぞって中国に向かっている。アメリカのGEは、北京オリンピックに、持てる環境技術を注ぎこんでアピールした。2008年、北京に行く前に立ち寄った東京で、NHKのインタビューに応じたジェフリー・イメルト会長は、「中国は、GEの環境ビジネスの主戦場だ」と語った。

中国自身も、太陽電池ではサンテックパワー、電池の製造ではBYDという世界に通用する大手メーカーをすでに地元で育てている。電気自動車も国策として開発を進めており、各地に「EVタウン」が生まれている。その勢いは、日本より早いという声もある。

中国で、日本の環境技術が活用できる余地はあるのか。この1、2年の取り組みが、日本の将来を左右するかもしれない。

（経済部・兼清慎一、報道番組・服部泰年）

第9章　始動「日本版グリーン・ニューディール」

経済産業省の新たな戦略

世界中に一気に広まったグリーン・ニューディールの波。２００９年1月、日本でも麻生首相が「日本版グリーン・ニューディール」を盛り込んだ新たな「成長戦略」の策定を表明した。

東京・霞ヶ関。桜田通りを挟んで財務省の真向かいに立つ17階建ての白いビル。ここに日本の産業・エネルギー政策を担う経済産業省がある。私たちは２００９年の年明けから数か月間、経済産業省および、その外局で新エネルギー政策を担当する資源エネルギー庁の担当者を取材し、政策の決定過程を追った。

２００９年1月、「新エネルギー社会システム推進室」が新たに発足した。「推進室」担当部長の羽藤秀雄氏は前年7月まで経済産業省本体で、産業界を所管する商務情報政策局や製造産業局の役職を歴任。その中で、日本企業が太陽光発電やリチウムイオン電池など、世界をリードする高い技術力を有しながら、その優位性を十分に活かせず、環境分野で産業競争力を伸ばせていない実態にジレンマを感じてきた。そこで、羽藤氏は資源エネルギー庁に異動後ほどない2008年10月、「日本版グリーン・ニューディール」を見据えた新たな戦略を立案するチームを企図、それが「新エネルギー社会システム推進室」発足のきっかけとなった。

「推進室」は総勢16人。地球温暖化問題を背景に世界が低炭素化に進むなか、太陽光発電、蓄電池（リチウムイオン電池）、次世代自動車（電気自動車など）、燃料電池など日本が誇る最先端の環境技術を有機的に組み合わせ、CO_2の大幅削減と次世代の産業育成というふたつの命題を具体化させる画を描くのが使命である。


これには「水」の分野での苦い教訓がある。

人口増加や新興国の工業化で世界的に需要が高まる「水」。この分野で日本は、海水や廃水から飲料水をつくり出す「造水」や「プラント建設」など個々の技術で世界トップレベルの水準にある。しかし、現在「水」の分野で市場を席巻しているのはヴェオリア（仏）、スエズ（仏）など、自社でプラントの建設から運営・管理まで、すべてのサービスを提供できる〝水メジャー〟であり、制度面での障害もあってトータルサービスを手掛けることができなかった日本企業は、優れた技術を持ちながらも、いまだメインプレーヤーになり得ていない。業界は2009年1月に、東レ・鹿島・日立プラントテクノロジーを軸に関係30社によるオールジャパンの企業連合体を発足させ、国の支援も受けて、海外進出へ動き出したが、出遅れを挽回するのは容易ではない。日本には「水」と同じ轍を踏まぬよう、環境分野での国家的な戦略づくりが急がれている。

こうした問題意識の下、「推進室」が「日本版グリーン・ニューディール」の柱として、まず重点的に取り組んだのが太陽光発電の普及拡大策だった。

太陽光発電　奪われた世界一の座

日本は太陽光発電の分野で長い間、世界をリードしてきた。パネルを製造する大手電機メーカーやその原料であるシリコンを製造する化学メーカー、それに電気系統など関連部品メーカーやパネルを取り付ける街の工務店に至るまで、多くの雇用も生み出している。日本経済を牽引してきた自動車産業がかつてない不振に陥るなか、市場の拡大が望める太陽光発電を将来の基幹産業に育てたいとする理由がここにある。

1970年代、オイルショックの経験から自前のエネルギーを確保するために政府が打ち出した「サンシャイン計画」。世界に先駆けて商業化に成功、普及をすすめてきた。

化石燃料に代わる新たなエネルギー源として太陽光の利用拡大に政策の舵を切り、その結果、シャープ、京セラなどのパネルメーカーが成長して、太陽光はいわば日本のお家芸となった。しかし、最近では政府の強力なバックアップを受けたドイツ（Qセルズ）や中国（サンテックパワー）のメーカーが生産量を急激に伸ばし、日本企業はシェアを奪われつつある。２００５年、導入量で初めて世界トップの座をドイツに譲り渡し、現在はスペインにも抜かれ3位である。

太陽光発電はCO_2を発生しない環境に優しいエネルギーであるのはもちろんのこと、関連産業の裾野が広く雇用の受け皿としても期待されるだけに、国を挙げた本格的な支援が改めて求められていた。

伸び悩む日本の太陽光発電の普及のためには、家庭での導入を増やす必要がある。経済産業省は２００９年1月、太陽光発電を導入する家庭に対する補助金制度を復活させた。そもそも補助金制度は、まだ太陽光発電が高価だった１９９４年にスタートしたが、技術革新がすすみ、設置費用が十分安くなったとして２００５年には打ち切られた。そして、この年に日本は世界一の座から転落した。

政府はまず、２００８年度に補正予算を組み補助金を復活させた。金額は1キロワット当たり7万円。しかしこれだけでは普及には不十分なのが実態だ。ある家庭が太陽光

世界の太陽光発電の設置量

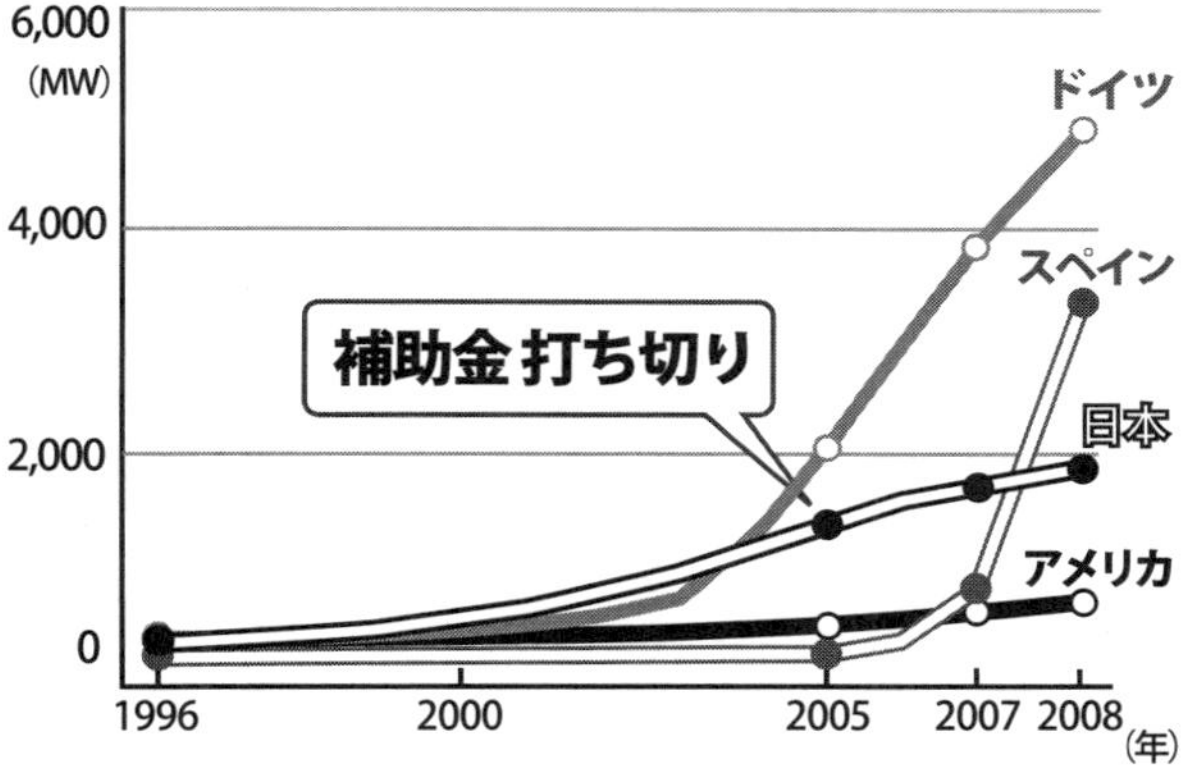

(REN21 調べ)

発電を設置するケースで考えてみる。家庭用で一般的な3・5キロワットのタイプを導入した場合、約25万円の補助が受けられるが、それでも、初期費用が220万円程度かかる。この費用を回収するのにいったい何年かかるのだろうか。太陽光で発電された電力を家庭で使用するので、年間7万円の電気代を節約することができる。また、使い切れずに余った電気は電力会社が買い取るので、この金額が年間およそ6万円。あわせて13万円の節約になるが、実際にはローンの金利の支払いも必要となるため、回収には20年もかかってしまう計算となる。

固定価格買取制度導入へ

家庭に普及させるためには、回収期間を

もっと短くする必要がある。２００９年1月、「推進室」の増山壽一室長は動き始めた。日本が不況を脱する切り札となるのは太陽光発電しかないと考えていた増山室長は、懸案となっていた「固定価格買取制度」の導入の検討を始めた。この制度は、家庭などで発電する太陽光発電の電力を固定された高い価格で一定の期間買い取ることを電力事業者に義務付ける制度だ。電力を発電すれば必ず売ることができるため、パネルの面積を増やせば増やすほど収入が増える仕組みになっている。ドイツはこの制度を１９９１年に導入し、２０００年と２００４年には買取価格を大幅に引き上げたことで太陽光発電の導入が一気に拡大し、世界一の座を勝ち取ることができたのだ。ところがこの制度には副作用がある。電力会社が高く買い取るため、その負担が電気料金に上乗せされる形で跳ね返ってくるのだ。ドイツでは一般的な家庭の電気料金がひと月あたり３６０円程度値上がりした。年間では４３００円の負担増だ。このため、日本はこの制度ではなく別の手法、「ＲＰＳ制度」を導入している。この制度は、新エネルギーを一定の割合で導入することを電力事業者に義務付けるというものだ。対象は太陽光発電に限らず、風力発電でもバイオマス発電でもよい。火力や原子力に比べて発電コストが高い新エネルギーの「導入量」が義務付けられる。電力会社は少しでも安く発電したいという動機が生まれるため、結果として競争原理が働き、太陽光パネルの価格を押し下げる効果が生じると期待された。しかし、国が電力会社に義務付けた量は２００７年度で60億キロワットアワー。これは全体の発電量のわずか０・65％に過ぎない。さらに新エネルギーの対象は太陽光でなくてもよいため、電力会社はコストが安いバイオマス発電や風力発電の導入を優先した。電力会社の負担を配慮した結果、太陽光発電の普及には限定的な効果しか得られなかった。

しかし、政府が一度決めた方針を変えることは容易ではない。固定価格買取制度の導入にあたって、まず反発が予想されたのが電力事業者だ。電力会社にはすでにＲＰＳ制度で一定量の導入が義務付けられている。そこに、価格を今より高く設定して、買取を義務付けることを受け入れるだろうか。

増山室長たちは、電力事業連合会との交渉を水面下で繰り返した。すると、電力事業者の間でも考え方に違いがあることがわかった、ＲＰＳ制度では、各社の負担が公平になるよう、同じ割合で導入目標量が段階的に引き上げられる仕組みになっている。このため、発電量が多い東京電力や関西電力は、仮に将来、ＲＰＳ制度が改定され、導入目標がさらに高く設定されることになれば、発電量が少ない事業者との間で義務量に大きな差が生じ、それは会社の負担に直結しかねないと、現状の制度にも強い警戒感を抱いていた。

ただし、電力事業者側が譲れない条件があった。それは高い価格で買い取る負担をすべて電気料金に反映させることだった。一方、経済産業省は国民の負担を軽くしたい立場だ。前年の２００８年９月には、歴史的な高値となった原油価格を反映させるため電力会社が料金を大幅に値上げすることを決めたことに対し、異例の「待った」をかけて、上げ幅を圧縮させた経緯もある。今さら国民に負担を求めることはできれば避けたかった。

いくらまでなら国民は納得して払うだろうか。増山室長たちは検討を続けた。現在、太陽光発電を導入できるのは、どちらかと言えば裕福な世帯が多い。さらに、マンションに住む人は太陽光発電という選択肢すらないのに、すべての国民に料金を負担してもらうのは、不公平だという声が必ず上がるだろう。固定価格買取制度の成功例として語られるドイツでも、月３６０円の負担は重過ぎるとして価格を引き下げることになった。ましてや経済危機に面した今の日本ではそんな負担は求められない。そこで、増山室長たちが出した答えが、１キロワットアワーあたりの買取価格を今の2倍の50円程度に引き上げるというものだった。買取を義務付ける期間もドイツの半分の10年程度とする。

また、ドイツでは、自家消費の目的ではなく、売電を目的に発電した太陽光発電も買取

日本の「固定価格買取制度」の仕組み

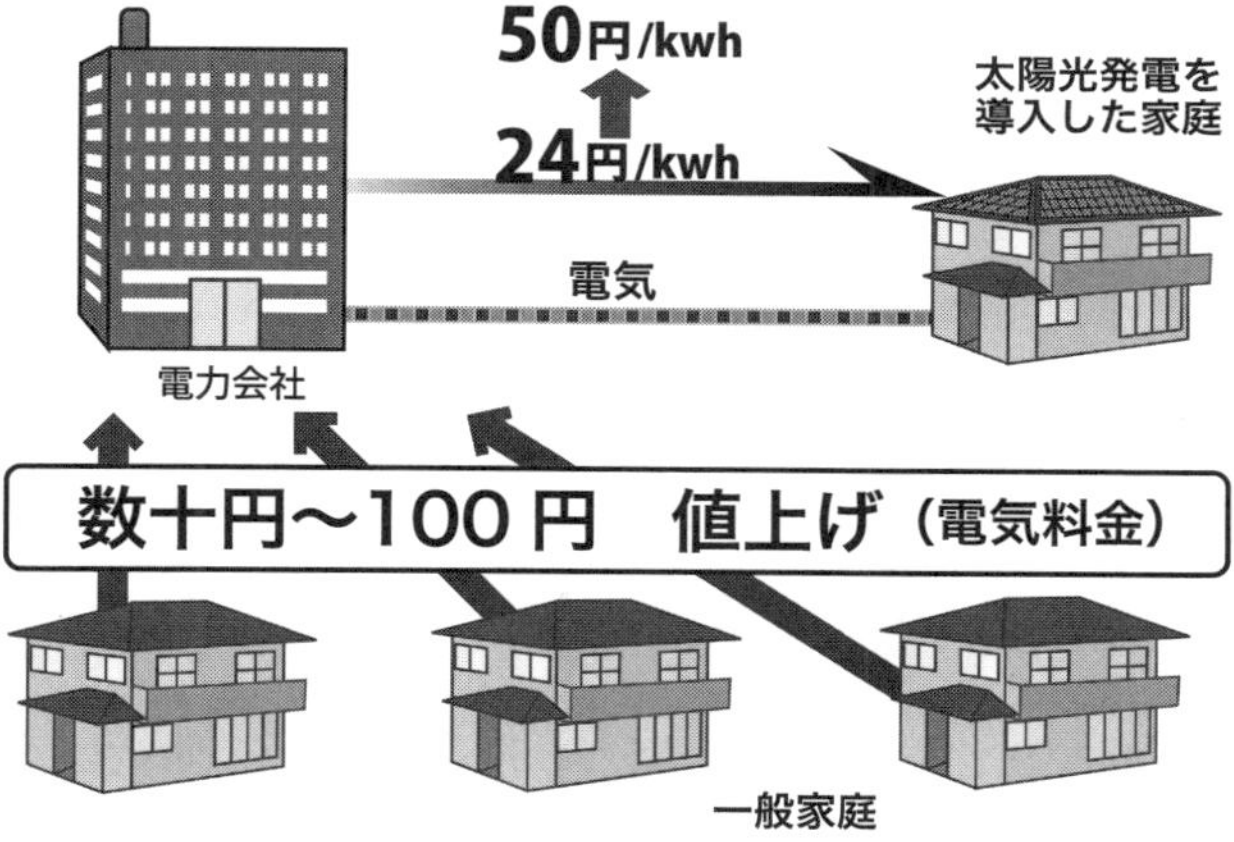

の対象としているのに対し、日本では消費しきれなかった余った電力、余剰電力だけを買取対象とすることにした。こうしたことによって、電気料金に転嫁される値上げはひと月当たり数十円から最大でも１００円未満に抑えられる計算になる。これには二階俊博経済産業大臣も納得し、こうして日本版・固定価格買取制度の導入が決まった。

「太陽光発電はここ3年ないし5年が価格競争力の強化を図る正念場だ。これまでの政策に加えて新たな制度を創設して日本独自の体系を構築することにした」

２００９年2月24日、二階大臣は閣議の後の記者会見で、固定価格買取制度の導入を表明した。その後、2010年の導入に向け、詳細設計が急ピッチですすめられている。さらに「推進室」では、全国で3万7000校に上る公立小中高校や空港・港湾・鉄道ターミナルなど公共施設への太陽光パネルの設置を進める施策も打ち出し、テコ入れに乗り出している。

日本市場を狙う外国企業

二階大臣が正式に固定価格買取制度の導入を発表した翌日、増山室長は東京・台場にあるホテルのパーティー会場に呼ばれた。そこで待っていたのは、太陽光パネルで中国最大手の企業、サンテックパワーの施正栄会長だ。サンテックパワーは、2001年に設立された新興企業だが、大量生産によってパネルの価格の引き下げに成功し、今では生産量で世界第3位のメーカーにまで成長した。サンテックパワーは固定価格買取制度によって市場が膨らんだヨーロッパを中心に販売を増やしてきたが、世界的な金融危機の打撃を受けて、売上が落ちていた。そこで、目をつけたのが、日本市場だ。増山室長が呼ばれたのは、サンテックパワーの本格的な日本進出を祝うため、日本の販売代理店など取引先を集めたパーティーだった。施会長は増山室長に、満面の笑みでこう言った。「あなたたちが決断した政策はすばらしい。日本はこれからわれわれにとって大きなマーケットに成長する」

増山室長はパーティーの終了後、施会長との面会をこう振り返る。

「中国メーカーにはすごい勢いを感じますね。彼らは非常にいいタイミングで日本に進出したと感じているようですね。それと、システムをどう日本に埋め込むかということを一生懸命考えている。パーティーに呼ばれている人を見ても、住宅メーカーや電機メーカーや商社などいろんな人が集まっている。単に太陽光パネルをつくるのではなくて、社会の中でどう使われていくか戦略的に考えていると感じた。日本のメーカーもうかうかしていられない」

国内の太陽光発電の普及のために導入を決めた制度だが、同時に外国企業の進出の呼び水にもなっている。サンテックパワーはすでに日本の販売代理店と契約を結び、大手家電量販店で販売を始めて市場のシェア獲得をめざしている。

電気自動車・ハイブリッド車の購入も促進

経済産業省が考える「日本版グリーン・ニューディール」、もうひとつの柱は次世代自動車である。自動車産業は言うまでもなく、日本経済を支える基幹産業だ。その一方で、運輸部門は日本のCO_2総排出量の20％を占めており、自動車から排出されるCO_2

の大幅削減は避けて通れない課題となっている。

このため、経済産業省は従来のガソリン車から電気自動車・ハイブリッド車への切り替えを進めようと、2009年4月、こうした環境対応車＝エコカーに対する自動車重量税・取得税の減免税をスタート。さらに、同月10日に取りまとめた新経済対策で購入費そのものに対する補助制度を追加した。

これにより、233万1000円のプリウス（トヨタ）を購入した場合、消費者は自動車重量税・取得税の免除と購入補助で最大40万6600円の負担が抑えられる。また、189万円のインサイト（ホンダ）では、計38万7700円の負担減となる。こうした購入促進策が追い風になって、インサイトは2月5日の発売開始後、わずか2か月で受注が2万5000台を突破。5月に発売予定の新型プリウスも各販売店に注文が相次いでおり、不況にかかわらず、当初の予想を大きく上回る好調な売れ行きとなっている。

このように、経済産業省は、2009年に入り、低炭素革命を旗印に、太陽光発電と次世代自動車の普及拡大策を矢継ぎ早に打ち出した。ただ、一連の施策は低炭素革命というよりも、経済危機下の臨時・異例な国内需要対策としての色彩が濃い。

日本が地球環境と経済成長を両立できる持続可能な低炭素社会に移行するには、たと

日本の温室効果ガス削減「中期目標」6案

	2020年時点の排出量の増減率の試算・1990年比
①	4%増（05年比4%減）
②	1%増—5%減（同6—12%減）
③	7%減（同14%減）
④	8—17%減（同13—23%減）
⑤	15%減（同21—22%減）
⑥	25%減（同30%減）

6つの選択肢→①現状の技術の延長線②欧米と同程度の費用を投入③規制を一部行って最先端技術を導入④先進国の全体の削減率を1990年比25%としてGDPあたりの対策費用を均等にする⑤対策強化・義務付け導入⑥先進国一律1990年比25%削減

えば、太陽光発電で冷暖房・照明・給湯など家庭で消費するすべてのエネルギーをまかなうオール電化の住宅に、電気を蓄えることができる蓄電池を設置。これにより家庭で電気自動車の充電をできるようにしたり、余った電気を自由に電力会社に販売できるようにしたりするシステムづくりが欠かせないが、現時点の「日本版グリーン・ニューディール」は、そうした新たなライフスタイルの実現に向けた道筋を示せていない。

ただ、「時間をかけて」などと悠長なことを言っていられる状況にはない。それは、日本として間もなく（本書が店頭に並ぶ頃にはすでに）地球温暖化対策の「中期目標」を掲げることになるからである。麻生総理大臣は2009年1月31日にスイスで行われた世界経済フォーラムの年次総会「ダボス会議」で「西暦2020年頃までの温室効果ガスの日本の削減目標を今年6月までに発表する」と発言。この方針に沿って政府は「中期目標」の策定作業を進め、2009年4月、2020年の温室効果ガスの排出量を1990年比で「プラス4%」とする案から「マイナス25%」とする案まで6つの選択肢を固めた。経済産業省などへの取材では、政府はこの中の「マイナス7%」と「マイナス15%」の2案を軸に最終的な絞込みを進めてきた。

なぜ「中期目標」に行を割いているかと言えば、これを達成するには大幅なCO_2削減が避けられず、その場合、相当思い切った政策手段、つまり真の意味でのグリーン・ニューディールが求められるからである。

私たちはどんな社会をめざすのか

政府の中期目標検討委員会で示された日本エネルギー経済研究所の試算に沿って具体的に見ていく（時期は2020年まで）。

1　中期目標を「マイナス7%」とした場合

▼太陽光発電は現状の10倍に導入拡大

▼次世代自動車は新車販売台数の50％、保有台数の20％に普及拡大。これを実現するにはエコカー購入に対する補助金制度のさらなる強化などが必要

2　中期目標を「マイナス15％」とした場合

▼太陽光発電は現状の40倍に導入拡大。これを実現するには、建築基準法を改正しすべての新築住宅に太陽光パネルの設置を義務化。一部の既設住宅にも義務化が必要

▼次世代自動車は新車販売台数の100％、保有台数の40％に普及拡大。これを実現するには、従来自動車の販売禁止（中古車含む）や車検時に適用不可とするといった政策が必要

ここで認識しておかなければならないのは、この「マイナス7％」ないし「マイナス15％」という水準に対し、国際的にも国内的にも「日本はもっと高い目標を掲げるべきだ」という声が広く上がっているという現実である。もしそれを受け入れるのであれば、前記2ケースを上回る一段と厳しい政策対応が必要になる。

2009年は地球温暖化対策の大きな節目となる年である。それは12月にデンマークの首都コペンハーゲンで開催される国連のCOP15（気候変動枠組み条約第15回締約国

会議）で、２０１２年までの温室効果ガスの削減目標を定めた現行の「京都議定書」に続く２０１３年以降の新たな枠組み＝「ポスト京都」を決めることになっているからである。この「ポスト京都」で日本は先進国の一員として京都議定書で定められた「１９９０年比マイナス６％」を上回る、野心的な削減目標を掲げることを国内外から迫られている。このことは、日本人誰もがライフスタイルと産業構造の大きな転換に向き合わなければならない時代が、間近に迫っていることを意味する。それだけに、地球環境と経済成長を両立できる持続可能な低炭素社会に移行するための国家的な戦略づくりが急がれている。

ただ、残念ながら経済産業省では今、太陽光発電の固定価格買取制度の詳細設計や環境対応車の購入促進策の対応などに追われ、今まさに求められている本格的な「日本版グリーン・ニューディール」政策の立案作業は停滞している。

未曾有の経済危機に見舞われた２００８年度。

増え続けてきた日本のCO_2排出量は一転して大幅に減ることが確実視されている。景気悪化がCO_2削減をもたらすという皮肉な結果である。このことは今のライフスタイルや生産構造を変えないままCO_2の大幅削減を迫られたら、経済の急激な縮小すら覚悟せざるを得ない日本の実情を浮き彫りにした。

日本の国力の源泉は何と言っても経済力である。それだけにCO_2の大幅削減と次世代産業の育成。この相反する命題の解を示せずに日本の未来は拓けないといっても過言ではない。日本が低炭素社会の絵図を描けず足踏みを続ける間に、隣国の中国は世界不況の下でも高い成長を続け、国際経済での存在感を着実に増してきている。2009年4月にロンドンで開催された金融サミット(G20)では、国際会議場の3つの世界時計から「東京」が外されて、代わりに「北京」が掛けられ、日本の地盤沈下と中国の勃興を各国記者に印象付けた。

残された時間はあまりない。

日本が誇る卓越した環境技術をフルに活用し、革新的な低炭素社会のモデルを築き上げ、世界の温暖化対策をリードする。将来世代に豊かな地球、豊かな日本を受け継いでいくためにも現世代はその実現に強い責任感を持つべきであろう。

(経済部・山口 学、渡部圭司)

第10章　越えられない省庁間の壁

環境省の意気込み

「環境省だけで考えるからこんなシャビー（みすぼらしい）なものになるんだ」

「日本版グリーン・ニューディール」の策定作業は、麻生首相のこんな苦言から始まった。

　正月気分も抜け切れない2009年1月6日、斉藤鉄夫環境大臣は首相官邸を訪ねた。手には「日本版グリーン・ニューディール」の素案。環境関連ビジネスの市場規模を今後5年間で1・4倍の100兆円に、雇用者数を80万人増やして220万人にするというものだった。具体策として、公共施設への太陽光発電の導入や、エコポイントなどの特典による省エネ家電の購入促進、それに環境関連企業への無利子融資制度の創設などをあげていたが、すでに前年政府がまとめた「低炭素社会づくり行動計画」などこれまでの政策に盛り込まれているものも多かった。環境省内でも一部の職員からは「時期尚早ではないか」と、提案に難色を示す意見もあったという。
それでも提案に踏み切ったのは、本書の第1部で紹介したようにグリーン・ニューディール政策を加速させようとするアメリカをはじめ各国の動きに警戒心を持ち始めていたからだった。イギリスでは温室効果ガスの大幅な削減を定めた「気候変動法」が成立。さらに、ドイツやフランスなどのEU諸国だけでなく、中国までもが環境分野に集中投資することを表明。グリーン経済をめざす世界の潮流が顕著になりつつある中、日本だけが遅れをとってはならないという強い焦りと危機感があったと職員は明かす。「100年に1度といわれる経済危機に直面する中、世界で先頭をいく環境・省エネ国家として世界で最初に不況脱出」。素案には環境立国を誇ってきた日本の自負とも覚悟とも受け取れる言葉が踊っていた。

その環境省案を突き放した首相の真意はどこにあったのか。麻生首相は、斉藤環境大臣に対し「各省庁と連携すれば（市場規模や雇用効果の）数字は大きくなるのではないか。もっと大胆に見直すべきだ」と他の省庁との連携を指示していた。首相から他省庁のまとめ役としてのお墨付きをもらったと受け取った斉藤環境大臣は、俄然、策定作業のスピードを上げる。学者や経済団体の代表、それに自治体の首長や環境NGOの代表などに次々と会って直接意見を聴いたほか、インターネットで国民からの意見募集も始めた。

その背景には、グリーン・ニューディールにかける斉藤環境大臣のひとかたならぬ思いがあった。環境省は２００１年の省庁再編で省に格上げされた、中央省庁の中でも防衛省に次いで若い省だ。職員数は約１２００人、単年度の予算規模は約２２００億円。経済産業省と比べれば人員も予算も７分の１程度に過ぎない。また、温室効果ガスを大量に排出するエネルギー業界をはじめ産業界の多くは経済産業省が所管している。霞ヶ関の中で環境省は影が薄く、何かにつけ「弱小官庁ですから」と自嘲気味に話す環境省職員も少なくない。そんななか、にわかに注目を集め始めたグリーン・ニューディールは、環境省が政策立案で主導権を握るチャンスになるという思惑があった。

省庁間の縦割りの壁

しかし、物事はそう簡単に進まない。環境省が打ち出した「日本版グリーン・ニューディール」の素案は当初、他の省庁からほとんど相手にされなかった。麻生首相から指示された省庁間の連携や調整が遅々として進まなかったばかりか、前章で取り上げたように、経済産業省は自ら「新エネルギー社会システム推進室」を創設して自然エネルギーの普及促進を検討、さらに当時策定中だった新しい経済成長戦略でも「低炭素革命」を3つの柱のひとつに据えた。温暖化対策を軸にした政策の策定が環境省の関与なしに進められていたのだ。

その間、環境省と経済産業省の間では、幹部同士が短時間、情報交換することはあったものの、現場の職員が膝を突き合わせて具体的な政策の内容をじっくり議論する場が設けられることはなかった。また、有識者から政策への意見を聞く審議会も省庁ごとに別々に進められ、連携がとられることはなかった。

環境省で「日本版グリーン・ニューディール」の取りまとめを担当していた政策評価広報課の水谷努課長補佐は、当時を振り返る。２００９年3月上旬、自然エネルギーの導入計画について話し合う経済産業省の審議会に出席した際のこと。温室効果ガスの排出削減に欠かせない自然エネルギーの普及をどう進めるべきか、意見を言いたくても、他省庁の職員が審議会で発言することはできない。傍聴席に座り、議論の成り行きを見守ることしかできなかった。逆に、環境省の審議会では、経済産業省の担当者も発言できない。省庁間の硬直した縦割りの制度は、活発な政策論議や担当分野を越えた連携を阻んでいるのだ。水谷課長補佐は「産業界の話はどうしても経済産業省が中心になってしまい、意見を言うにも限界がある。そこが最大の壁です」と苦しい胸の内を語った。

この省庁の壁を最も象徴していたのは、前の章で記した太陽光発電の「固定価格買取制度」をめぐる議論だった。環境省は、２００８年から省内に検討会をつくり、水面下で独自に検討を進めてきた。その結果を２００９年2月10日、環境大臣の諮問機関・中央環境審議会の地球環境部会で公表。「２０３０年に太陽光の発電量を現在の55倍に引き上げる。そのためには固定価格買取制度の導入が必要だ」と、これまでにない一歩踏み込んだ将来像を打ち出した。先に触れた通りエネルギー行政の所管は経済産業省。環境省がこうして他省の政策に意見するのは霞ヶ関の常識では考えられないタブーであり、明らかな「領海侵犯」だった。発表の前日、環境省のある職員は、経済産業省の方を見つめながら「明日から全面戦争ですよ」と厳しい表情で語った。

ところが2週間後の2月24日。二階俊博経済産業大臣は突然、太陽光発電への固定価格買取制度導入を発表した。環境省は驚いた。実は、経済産業省は電力会社でつくる電気事業連合会と水面下で「固定価格買取制度」の導入に向けた交渉を続けていたが、その動きは環境省にまったく知らされていなかったのだ。いわば肩透かしを食った形の環境省はその日の夕刻、斉藤環境大臣名で「制度は環境省としても検討を進めてきた。このたび二階経済産業大臣のイニシアティブにより、新たな制度を導入する方針で合意がなされたが、環境省としてもこれを評価し、大歓迎をしたい」とするコメントを発表するのが精一杯だった。

最終案に付けられた但し書き

２００９年4月9日、麻生首相は２０２０年ごろまでの中長期の新しい経済成長戦略（＝未来開拓戦略）を発表した。その中身は環境が目玉と言っていい内容だった。太陽電池と電気自動車、そして省エネ家電をこれからの低炭素社会の新たな三種の神器と位置づけ、風力や水力を含めた自然エネルギーの割合をエネルギー消費全体の20％に倍増させるという。そして環境分野で新たに市場を50兆円拡大し、１４０万人の雇用を新たに生み出すという数値目標を掲げた。麻生首相が〝シャビー〟と揶揄した環境省の素案に比べ市場規模は20兆円、雇用は60万人上乗せされていた。

続けて麻生首相は15兆円を超える経済危機対策も発表。そこでも環境は重視され、環境省関連の予算だけで約１８７０億円、省の年間予算の実に85％に匹敵するものだった。ある環境省幹部は「これほど思い通りに予算が付いたことはこれまでなかった」と戸惑いにも似た表情を浮かべた。

その10日後、環境省は「日本版グリーン・ニューディール」の最終案を発表した。しかし、太陽光発電の導入拡大にしてもハイブリッド車などエコカーの購入支援にしても、具体的な事業計画の多くは、経済危機対策や経済成長戦略ですでに触れられたもので、独自性はほとんど見当たらなかった。記者会見で幹部は「環境省が発案した政策が経済対策などに盛り込まれた」と胸を張ったが、記者団の反応は冷ややかだった。

実は、環境省の「日本版グリーン・ニューディール」の最も注目すべき点は、短期的な個別の事業計画ではなく、長期的な社会制度の設計にあった。「排出量取引」と「環境税」。環境省はこのふたつの政策を低炭素社会実現の切り札と考え、導入に向け検討を重ねてきた。しかし産業界への規制や国民負担につながる恐れのある「排出量取引」や「環境税」の導入には、各省庁の反発が激しく、今の段階でとても調整がつくような状況ではなかった。

そこで、このふたつの政策を盛り込んだ「日本版グリーン・ニューディール」には次のような但し書きが付けられていた。

「※これは関係各省の施策を含めて作成したものですが、環境の保全に関する基本的な政策の企画等を担当している環境大臣が、その責任において作成したものであり、環境大臣としての考え方を示したものです」

つまり、「日本版グリーン・ニューディール」は政府の統一ビジョンではなく、あくまでも斉藤環境大臣個人の考えを示したものに過ぎないとしたのである。将来の社会の設計に必要な制度として盛り込んだふたつの政策だったが、他の省庁からの反発に配慮し、大臣個人の考えとしか打ち出せなかったという環境省の厳しい現実がうかがえる。

低炭素社会への第一歩とするために

環境省は「日本版グリーン・ニューディール」のタイトルを「緑の経済と社会の変革」としている。まさしく「社会の変革」が必要とされている今、なぜ政府は省庁間の争いに陥っているのか。なぜ一致した明確なビジョンが示せないのか。私たちの問いに斉藤環境大臣は、「私も大臣になって省庁間の壁を強く感じている。これまで他省庁の役人と同じ方向をめざして議論することはなかった」と素直に縦割りの存在を認めた。そしてこう続けた。

「省庁の壁を打ち破るものこそ、明確なビジョンと政治のリーダーシップです。ひとつの国家のビジョンに基づいて互いに情報を共有し協力する組織をつくることが、本当の意味でのグリーン・ニューディールが成功する唯一の道だと思っています。世界の競争の中でこれまでの意識を引きずっていたら負けてしまう。ここで大きく意識を変え、低炭素社会をつくるんだという明確なビジョンを打ち出さなければ、日本は生き残れないのではないか」

斉藤環境大臣は、「日本版グリーン・ニューディール」の前文に次のようにも記している。

「これまで動いていなかった車輪を動かすのは大きな力が必要です。特に、その最初の一回転はどんな場合にも大変重くて容易には動きません。しかし、地球の命運をかけた大きな車輪ですら、最初の一転がりを転がすことによっていわば弾み車のように勢いがつきます。勢いがつけば、手助けもしやすくなり、また、その勢いのある動きに参加しようとして手を差し伸べる人が続々と現れて継続的で力強い動きになり、低炭素社会が実現します。いわば、その最初の一回転こそが低炭素革命であり、私たちはそれができるかどうかの岐路に立っています」

「日本版グリーン・ニューディール」を絵に描いた餅に終わらせることなく、実効性のある低炭素社会への第一歩とするためには、斉藤環境大臣自身も含めた政治のリーダーシップが問われている。


（社会部・中島紀行）

第11章　風力発電で地域活性化　～理想と現実～

高知県「過疎の町」の挑戦

太陽光発電と共に、地球温暖化対策の切り札として期待がかかる自然エネルギーが風力発電だが「日本版グリーン・ニューディール」では、普及に向けた具体的な支援策はほとんど盛り込まれていない。このため、風力発電に地域経済の活性化をかける地方自治体からは憤りと落胆の声が上がっている。

高知県檮原《ゆすはら》町もそのひとつだ。人口およそ4000の過疎が進む檮原町では、「環境」をキーワードに雇用を生み出す、全国的に珍しい取り組みを進めている。

檮原町では1999年に2億6000万円の建設費と補助金を利用して2基の「風力発電」を設置。発電した電気を四国電力に売って町の貴重な財源としてきた。収益は年間約3500万円に上り「環境基金」として町の環境対策と産業の育成に使われている。

環境基金を重点的に充てているのは、町の面積の9割を占める森林の整備だ。森の所

標高1300メートルの尾根に設置された2基の風車（檮原町）

有者が森林を間伐して整備すると、町が1ヘクタールにつき10万円の補助金を出す独自の制度を設けたことで、間伐が促進される形となった。

ここで雇用の効果も生まれた。自分自身で森の手入れができない高齢者は、町の森林組合などに間伐を依頼することが多い。秋の間伐の時期になると人手が足りなくなるため、毎年60人ほどが臨時に採用される。林業に携わるため、移住してくる人も出てきたという。

檮原町はかつて林業の盛んな町として知られていたが、外国産の木材が安く輸入され始めてから、しだいに衰退し、活性化への切り札が見つけられずにいたという。こうしたなか、1997年に町長に就任した中越武義氏は、地域にある資源を活用することが地域の発展につながるとして、風車を起点に環境産業で地域経済を循環させる仕組みづくりに力を注いできた。中越町長は「四国山地を吹き抜ける豊かな風を自然の恵みとして、地域にうまく活かしていきたい。風車はさらに30基くらいは建てたい」と夢を語る。

森の整備に伴う大量の間伐材は新たな資源として森林組合に運ばれ、町役場建設の際の材料にもなった。中心部に新しく建設された役場は、町のシンボルとなっている。さらに町では、細かくなって資材として使えない間伐材を「木質ペレット」という固形燃料につくり替える専用の工場も建設、木材からつくった新たな燃料は「バイオマス」とも呼ばれ、「木質ペレット」は農業用ハウスのボイラー燃料などに使われている。檮原町では、風車の収益を間伐と雇用に、そして、新しい燃料に変化させる仕組みが出来上がっていて、各地からの視察も相次いでいる。

風車が増えることでさらに事業が拡大すると期待されているが、現実には、風車の建設が簡単には進まないことを中越町長は肌で感じている。すでに、風車の増設計画が一度中断に追い込まれてしまった経験があるからだ。町では、2006年に新たに5基の風車を町の高台に設置し、発電能力を5倍に増やそうと計画。風の調査を行ったうえで、建設費の見積もりを行った。ここで問題となったのは、送電線や建設用の道路の整備費に多額の費用がかかることだった。風力発電を建設しようとすると、電力会社の送電線に接続させるための工事にかかる費用は、風車を建てる事業者がすべて負担しなければならない。整備のための道路の建設にもコストがかかり、檮原町の負担は10億円以上と見積もられた。

一方で、電力会社に電気を買い取ってもらう価格を検証すると、現在の制度では、採算がとれるほどの価格になる見通しはない。風力発電事業を行う場合は、電気を買い取ってもらう電力会社と毎回交渉したうえで価格が決まる方式となっているが、各地の電力会社が買い取る価格の相場は全国的に下がっているため、採算がとれるだけの売電価格になるかどうかは不透明なのだ。檮原町の場合、1999年に建設した当時の契約では、1キロワットアワーを11円50銭で買い取ってもらったが、風力発電事業者でつくる団体の調べによると、全国的には8円台、という安値のケースも出てきているという。

採算がとれるだけの運営が見込まれないなか、計画の中断に追い込まれた中越町長は「悔しいとしかいいようがない。費用を捻出する方法がないか、諦めずに補助金制度などを探したい」と話している。

議論がすすまない風力発電

ここ数年、檮原町以外の自治体や、民間の風力発電業者も、相次いで計画の中断に追い込まれている。地方自治体にとっては、自身で運営すれば風車で発電した電気を電力会社に売ることができるし、民間を誘致すれば、固定資産税や法人税を得ることができる。このため、財政的に厳しい状態が続いている自治体にとって貴重な財源と期待されていたが、今では、二の足を踏む状態となっている。

計画が中断するなど、風車の建設が伸び悩んでいる背景には、前述したように、電気を買い取ってもらう価格が安く、採算がとれないことに加え、電力会社に買い取ってもらえる量が制限されていることも挙げられている。買い取ってもらう量は「買取枠」として制限されるため、参入を希望する業者の間で行われる「くじ引き」によって、計画が採用されるかどうかが決まるケースも少なくない。このため風力発電事業者で創る団体では、風力発電の電気を買い取ってもらえる枠の拡大を電力会社や国に求めてきた。

こうした声に対して、電力会社側は「電気の安定供給」という使命があると主張する。文字どおり「風任せ」でまわる風車はつくりだす電力が安定しない。「電力が必要な需要のピーク時に発電してほしいと思っても期待できない。火力発電などのバックアップが必要になってしまう」というのが電力会社の考えだ。

こうした双方の主張が嚙みあうことなく、ただ時間だけが過ぎてしまっている。不安定だといわれる風力発電による電気を、うまく吸収して安定させるために技術的にどういった方法があるのか、そのための費用をどのように負担することができるかなど、新しい技術や制度を生み出すための議論はほとんど進んでいない。

風力発電の電気を安定して送るために、電気をいったん貯めてから送る蓄電池の導入なども検討されているが、莫大なコストはすべて風力発電事業者の負担となる。補助金を利用したとしても、採算性を考えると簡単に参入できない状況を生み出していると指摘されている。「日本版グリーン・ニューディール」の検討過程では、これらの課題を含めた、風力発電の支援策はほとんど議論されなかった。

こうした事態を受け、このままでは風力発電ビジネスが衰退しかねないと危機感を募らせた事業者団体「日本風力発電協会」は、2009年3月、経済産業省に陳情し、価格が安くなっている風力発電の買取制度の見直しや、産業活性化のために支援のテコ入れを求めた。

国土が狭く山間部の多い日本は、広大な大地に恵まれたアメリカなどに比べ、風力発電の適地が少ないという指摘もある。しかし、日本列島には、風に恵まれた長い海岸線がある。この団体の試算によると、こうした沿岸の海域に風車をたてる「洋上風力発

日本とアメリカの風力発電量の比較

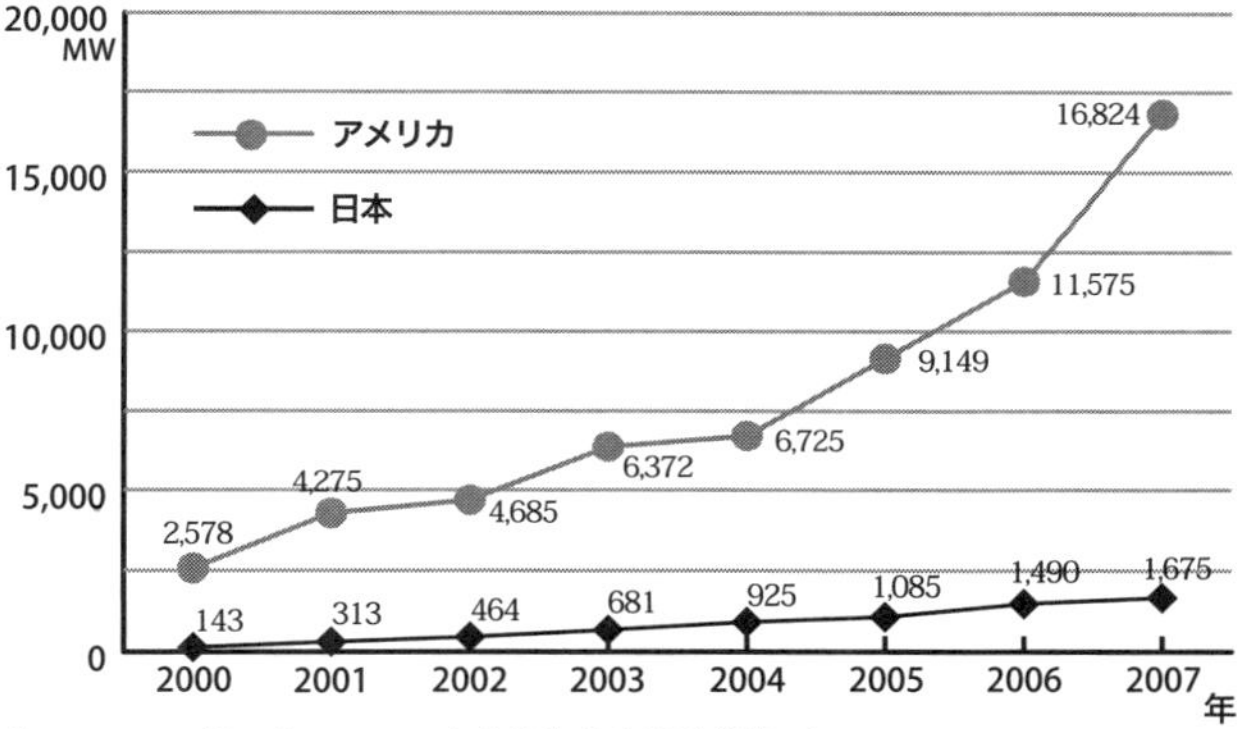

（2000-2007　新エネルギー・産業技術総合開発機構／
Global Wind Energy Council 調べ）

電」も含めれば、日本でも最大5000万キロワットの風力発電が可能だという。

すでに千葉県の銚子沖では東京電力と東京大学が試験的に洋上風車を設置するなど具体的な研究も始まっている。こうした海域に仮に1万基以上の風車を導入すれば、関東地方の電力の3分の1をまかなえるとも試算されている。

しかし、経済産業省は、一般家庭に大量に普及することが期待される太陽光発電に比べると、風力発電は経済波及効果が少ないとして、団体からの要望に対し前向きな返答をしなかった。事業者団体は今後も議論が進む見通しがないと厳しさを実感している。

一方、一度計画が中断になった檮原町で

は、怯むことなく、次の計画の検討に入っている。檮原町は、地球温暖化対策に積極的に取り組む自治体として「環境モデル都市」に選ばれたことを受けて、将来的に40基の風車の設置をめざしている。

「日本版グリーン・ニューディール」に期待をかけていた中越町長は国に対し、「日本のエネルギー政策と、経済活性化をどのようにしていくか、もう少し踏み込んだ方向付けを早く出すべきだ。国が大きな方針を立てて、採算がとれるような形をつくっていかないと風力発電の拡大は難しいだろう」と厳しく指摘した。

風力発電の建設をめぐっては、コストの問題だけではなく、景観保護をはじめ、生態系への影響、さらに、風車から発生する騒音が周辺住民に影響すると指摘されている問題など、克服しなければならない課題は多い。先述したように、普及が進んでいるアメリカやヨーロッパと比べると日本は地形的な条件が違う、という指摘もある。しかし、日本国内にも、山地や海岸線を中心に風力発電に適した条件が備わっている土地が残っていることを忘れてはならない。

風力発電で、地球温暖化対策と経済活性化を両立したいという意気込みのある自治体や事業者の思いを実現するにはどうすればいいのか。こうした問題意識から改めてグリーン・ニューディールの議論が展開されるべきではないだろうか。

海外をめざす日本の風力発電ビジネス

日本では、行き詰まる国内の風力発電の現状を見て、海外での事業展開に目を向ける風力発電の事業者が増えている。風力発電事業を行う大手商社の中には、電力会社などと共同でアメリカやヨーロッパに大型の風力発電施設を建設する動きも広がり始めている。

こうした大手商社の担当者に話を聞くことができた。担当者によると、この会社では、およそ10年前に国内数か所で風力発電施設の建設を計画していたが、電力会社への売電価格が低過ぎて採算がとれるか不安があったうえ、発電した電力の買取を電力会社に打診しても、風任せで不安定といわれる風力発電を増やすことに難色を示され、国内での事業拡大を断念したという。

この会社では、現在はヨーロッパを中心に風力発電事業を展開している。ヨーロッパ市場の最大の魅力は、自然エネルギーによる電力の送電網への流入を優先させることを義務付ける「優先接続＝プライオリティー・アクセス」が制度化され、大きな市場が見込めることだという。この担当者は「今の日本の制度では、風力発電に未来はない」と言い切った。

こうした傾向は、長年日本で風力発電事業を展開してきた、風力発電会社にも見て取れる。

　このうち、風力発電の先駆者・トーメンを前身とするユーラスエナジーホールディングスは、22年前から国内外で風力発電事業を展開してきた業界最大手の事業者だ。この会社でも現在日本国内より海外への事業展開に重心を置いている。２００８年までに建設した発電施設の規模を見ると、日本国内が３３３メガワットなのに対して、イギリスやスペインなどヨーロッパは７２６メガワット、アメリカは５２４メガワットと、大きな差が開いている。

　特にアメリカでは、２００８年末、テキサス州の５５００ヘクタールという広大な土地に１８０基の風車からなる大型風力発電施設を建設した。発電能力は１８０メガワットで、この会社としても過去最大規模。ここだけで日本全体の風力発電のおよそ10分の１に当たる電力を生み出すことができる。発電した電力は全量を地元テキサスの電力会社に販売している。１か所でおよそ5万世帯の年間消費電力がまかなえるという。

　なぜ日本ではなく、アメリカにこの風力発電大型ファームを建設したのか。

　永田哲朗社長は、広大な土地や風の強さなど、条件が良いことに加え、「日本の風力発電は将来どれくらい普及できるのか、その可能性が見えにくく、先行投資するのに不安な面がある」と話す。アメリカでは、風力発電に対する手厚い税制優遇制度がある。

平均して1キロワット当たり2セント前後の減税があり、州によって違いがあるものの、これは売電価格のおよそ半分に相当する。つまり、風力発電で発電した電力を売ると、価格の1・5倍の収入が得られる計算となるのだ。企業にとっては、収益の見通しを立てやすく、この分野への進出を促している。

また、アメリカでは州ごとに自然エネルギーの普及に高い数値目標を掲げているところが多い。たとえば、第2章で見たように、テキサス州では2015年までに発電量のおよそ5％に当たる5880メガワットを自然エネルギーで発電した電力にするよう電力会社に義務付けている。

さらにオバマ新政権も2030年までに電力の20％を風力発電でまかなう方針を掲げ、長期に及ぶ普及の可能性を示している。

一方、日本の義務を伴う導入目標は、「2014年までに1・63％」と、テキサス州の3分の1に満たない。「2010年までに20％」を掲げるカリフォルニア州、「2020年までに23％」を掲げるコネティカット州などと比べても、桁違いに低い。

永田社長はこうした日米の違いについて、「アメリカでは将来の導入量を州政府が保証しているので、何年後にどれだけの風力発電が導入されるか確実に見通しがつく。企業としては安心して投資できる」と話している。こうした認識は、風力発電会社だけでなく、風車の製造メーカーにも広がっている。

日本で普及がすすまないワケ

ユーラスエナジー社のテキサス州の風車を製造したのは、国内最大手の風車メーカー・三菱重工。三菱重工は、発電能力にして年間に計800メガワットの風力発電装置を生産しているが、このうち国内向けの販売は66メガワット、10分の1にも満たない。残りはすべてアメリカの風力発電会社や電力会社に販売されている。

横浜にある三菱重工の風車の工場を訪ねると、発電装置を組み込んだ、巨大な風車の心臓部（ナセル）がいくつも港の工場専用岸壁にカバーをかけて野積みされ、アメリカへの船出を待っていた。

三菱重工・再生エネルギー事業部の上田悦紀氏は、「工場の生産能力に対して、日本の市場は小さ過ぎて、海外に販路を探さざるを得ない」と話す。上田氏によると、アメリカの顧客は手付け金として数百億円を支払って、1回の契約で600メガワットもの風車を買い付けていくという。これに対して日本の風力発電の事業者は、契約を検討し始めてから、認可や補助金申請の手続きを経て契約にこぎ着けるまで1年以上かかり、スピード感に欠ける。即断即決で大量に買い上げていくアメリカの業者の方が取引高は必然的に増えていくという。

しかし、その三菱重工も世界シェアでは13位。上田氏は「メーカーは自国の市場が広がらなければ育たない」と話す。輸送コストがかかり、商習慣や言語も違う外国の事業者との取引は、その国や近隣のメーカーと比べれば圧倒的に不利であり、さらに常に技術革新を求められるメーカーは足もとの自国市場で自社技術がどれくらい通用するのか、どこに課題があるのかをいわば逐一フィールドテストし続けることによって、データのフィードバックに基づいた迅速な技術革新が可能になる。その自前の「実験場」をもたないメーカーは、不利になってしまうというのだ。上田氏は「日本では風力発電を普及させる余地がまだまだあるのに、政府の目標が低いうえ、電力会社だけがコスト負担を強いられるという現状の制度のために普及が妨げられている。制度を抜本的に変える政治判断が必要だ」と話す。

風車は雇用創出の希望の光

三菱重工に次いで国内の生産量第2位の風車メーカー、日本製鋼所は、こうした三菱重工の海外展開で逆に手薄になった国内市場をターゲットにした「ニッチ（すき間）戦略」で、3年前から風車の製造を始めた。室蘭市にある日本製鋼所は、もともとは原子力発電所の原子炉圧力容器など鉄製の発電関連装置を主に製造する企業だったが、現在はさらに年間13基の風車の製造を開始した。１３０人の従業員が製造ラインで働くが、3年間で生産能力を3倍にし、従業員数も今の１・5倍に増やす計画だ。

風力製品部長の唐牛敏晴氏は、「まだ製造実績が少ないのでまずは着実に実績をつくっていきたい」と話すが、一方で「今の国内の現状を見ると、今後大きな伸びは期待できないという不安がある。国内の普及が今後伸び悩めば、海外への進出も検討しなければならなくなる」と将来への不安ものぞかせた。

しかし地元室蘭市にとっては、風車の生産拡大で生まれる雇用効果への期待は大きい。「鉄の街」室蘭では基幹産業の鉄鋼業で働く人の数が昭和40年代には1万２０００人あまりだったのが、２００7年にはおよそ3分の1にまで落ち込んでいる。

室蘭市は地元の活性化を狙って、２００3年、「室蘭地域環境産業拠点形成実施計画」を策定。関連企業を誘致したり、産官学連携を通じて地元企業の自然エネルギーなど環境分野への展開を支援。鉄鋼業に代わる新たな成長産業として環境産業での街起こしを狙っている。

風車の増産で生まれる日本製鋼所の新規雇用は室蘭市にとっては希望の光なのだ。

室蘭市の本間久大産業振興課長は「環境というキーワードで新たな雇用が生まれ、人口も増え、地元の商業活動も活発になる。ひいては地域振興になると期待している」と話し、「室蘭版グリーン・ニューディール」構想への期待を語った。

ドイツの例に学べ

自然エネルギーなど環境産業による雇用効果について環境省は2020年までに140万人の雇用が生まれるとする試算を2009年4月20日に発表した。ILO（国際労働機関）などの試算では、自然エネルギー分野で2030年までに世界で2000万人以上の新規雇用が生まれるともいわれている。

こうした自然エネルギーによる雇用効果を現実のものにして街を見違えるように活性化させた地域がドイツにある。

旧東独地域のチューリンゲン州だ。ドイツのほぼ中央に位置し各地への輸送の面で有利であることや、失業率が高く、比較的安価な労働力が得られることが魅力となり、太陽光発電パネルの関連工場の新規立地が相次いでいる。

チューリンゲン州政府によると、1990年代半ばから11のメーカーが進出し、販売会社やサービス事業者、関連研究機関などを含めると47の企業・団体が進出したという。2006年までの1年間で500人の新規雇用が生まれ、2007年にはさらに100

0人増えて、就業者数は2500人となり、この分野でドイツ最大の雇用規模を誇るという。この部門での売上も、2005年には2億5000万ユーロ（約335億円）、2007年には7億9000ユーロ（約1059億円）と3倍の急成長だ。私たちは、多くの企業が進出したエアフルト市で太陽光発電パネルメーカーのひとつ、「エアゾル」社の工場を取材した。この工場で働く労働者の多くはもともと未経験者で、ドイツ政府の職業訓練を受けて雇用されたという。半年前に雇用されるまで無職だったという40代の女性は、「安定した今の生活はバラ色です。工場ができて本当にうれしい」と話していた。

ドイツでは自然エネルギーによる電力を高い価格で買い取ることを義務付けた「固定価格買取制度」が、国内での爆発的な普及を後押しし、その恩恵がこのような地方都市の活性化にも及んでいる。

日本でも自然エネルギー導入に向けたコスト、それに対して生まれる経済効果、雇用効果を詳細に比較・分析し、戦略的な政策を策定することが望まれる。

（科学文化部・本田洋子、社会部・井上登志子）

解説　グリーン・ニューディール　日米の落差

環境エネルギー政策研究所　飯田哲也

オバマで加速するアメリカ

「グリーン・ニューディール」は、２００８年7月にイギリスの研究グループ、ニュー・エコノミックス・ファウンデーション（ＮＥＦ）が初めて唱えた言葉だが、わずか1年足らずの間に世界中のメディアで取り上げられる〝流行語〟となった。

ＮＥＦの発表以後も、国連による「グリーン経済イニシアアティブ」や国際労働機関（ＩＬＯ）による「グリーン・ジョブ・イニシアティブ」等のレポートが相次いで発表され、２００８年12月には、潘基文《パン・ギムン》・国連事務総長が「グローバル・グリーン・ニューディール」をアメリカのオバマ新大領領に期待する考えを発表した。そして２００９年1月20日、オバマは大統領就任演説で自然エネルギー政策を推進することを明言、環境エネルギー革命においても、世界の期待を一身に受ける存在となった。

オバマ政権のグリーンニューディールの構成

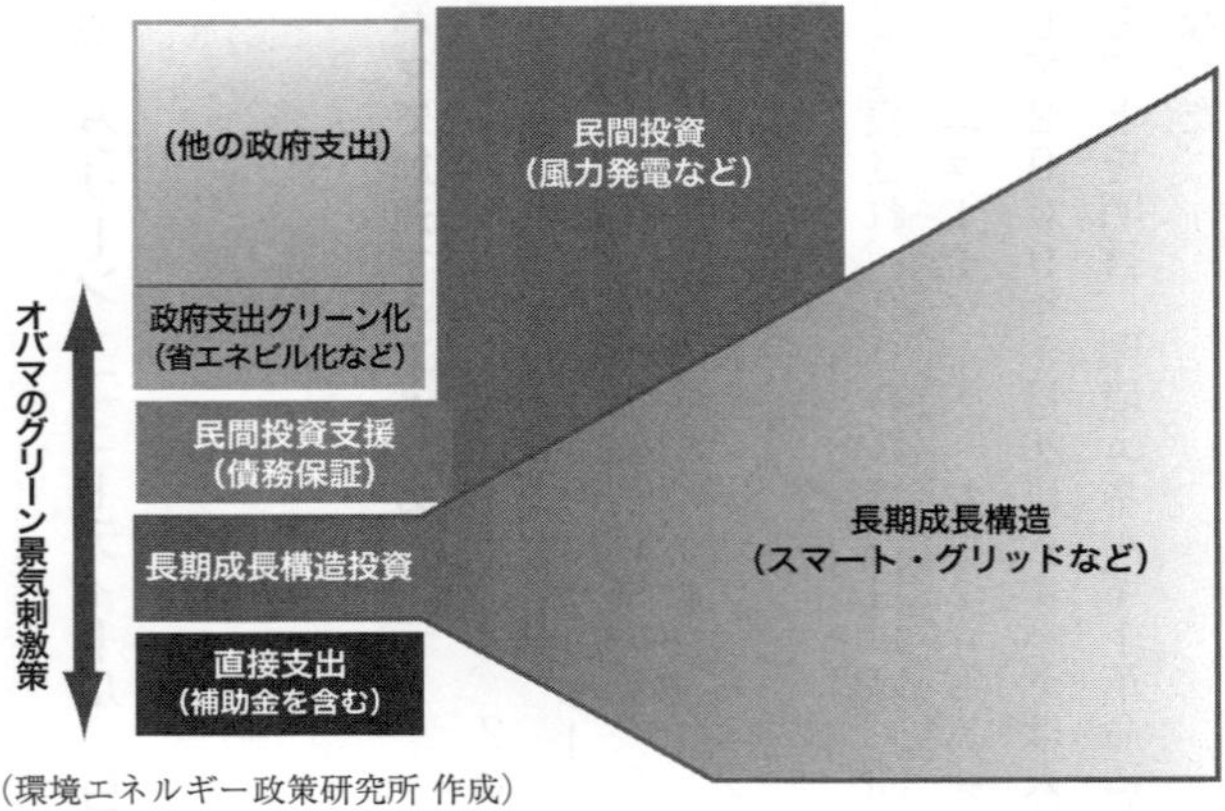

（環境エネルギー政策研究所 作成）

本書で見てきたように、アメリカでは、オバマ大統領誕生以降、「環境エネルギー革命」が急速に進んだように見える。だが実はこうした動きは、前ブッシュ政権の終盤時期にすでにその下地ができあがっていた。２００５年８月のハリケーン・カトリーナや、毎年のように起こるカリフォルニアの山火事、さらには２００７年にノーベル平和賞を受賞したゴア元副大統領の『不都合な真実』が大きな反響を呼んだこともあり、アメリカ国内においては、オバマ以前に地球温暖化問題に対する懸念が既に広がっていたのである。

実際の政策でも、カリフォルニア州の太陽光発電やテキサス州の風力発電など（第1、2章）、州レベルで見ると、良く練られた環境エネルギー政策が進められていた州が少なくない。オバマ政権は、こうした州レベルの動きを加速させるために、下支えとなる連邦の自然エネルギー電力生産減税（PTC）の3年間延長を即座に決定するなど、連邦政府ができる効果的な支援策を決定した「賢さ」が特徴である。またオバマの政策は、お金の使い方でもよく考えられている。連邦政府が直接お金を使うのではなく、債務保証することで民間のお金をうまく引き出して、環境ビジネスを回し、景気回復へと結びつけていこうとしている。

本書の中でも、アメリカにおける様々な取り組みを取り上げたが、なかでも注目されるのは、「スマート・グリッド」だ（第3章）。スマート・グリッドとは、インターネットなど情報通信技術と太陽光・蓄電池などの分散型エネルギー技術を活用して、電力ネットワークシステムをアップグレードするもので、将来の大きな成長と技術革新の芽として期待されている。蓄電池、メーター、インターネット、電力網など、スマート・グリッドを構成する個々の基本的な技術は、ほとんどが出揃っている。今後、成否の鍵は、規制やコスト、既存業界の壁などの課題を克服していくことにある。電力市場は、一般にどこの国でも様々な規制で縛られていると同時に、既存の業界の壁が分厚い傾向にある。なかでも日本は、それが激しい。「オバマのアメリカ」が、これらの問題をクリアして、スマート・グリッドという新しい市場構造をデザインできれば、アメリカの「環境エネルギー革命」はさらに飛躍的に進んでいくだろう。

スマート・グリッドと並んで注目すべきなのが、「スーパーグリッド」である。これは、従来型の送電線を再整備して、再生可能エネルギーをこの電力網に載せていくという試みだ。欧州では、北海や地中海を巡らす「情報スーパーハイウェイ」ならぬ、いわゆる「自然エネルギー・スーパーハイウェイ」とも呼べるものとして、推し進められている。オバマの構想には「スーパーグリッド」という言葉は出てこないが、送電網の近代化には、同じ概念が含まれている。このスーパーグリッドとスマート・グリッドを組み合わせることで、アメリカは自然エネルギー普及に向けた次世代のインフラを手にすることになる。

「政策の失敗」と霞ヶ関の壁

迅速かつ賢い政策によって、急速な環境エネルギー革命が進む「オバマのアメリカ」。ひるがえって、日本はどうか。「日本版グリーン・ニューディール政策」の迷走ぶり、さらには省庁間の足並みの乱れを見るにつけ、不安を覚えざるを得ない。

２００９年2月24日に経産省が突如導入を発表した太陽光発電の固定価格買取制度（フィードインタリフ、第９章）についても、10年以上の紆余曲折を経てようやく一歩踏み出したことは進歩と言えるが、買取量は畳４畳分に限るとか、期間は10年限り、企業は対象外など、問題点も多い。

フィードインタリフの導入については、筆者自身も２０００年前後にかかわった。超党派による議員連盟によって、フィードインタリフの議員立法が成立する寸前まで来たのだが、土壇場で経済産業省と電力業界の大きな壁によって廃案に追い込まれた。このときのエネルギー政策の混乱がトラウマとして残る経済産業省内では、それ以来、「フィードインタリフ」が事実上禁句となってきた。

そして経済産業省がフィードインタリフを廃案に追い込む返す刀で、自ら成案をめざしたのが、「ＲＰＳ法」（第９章）である。再生可能エネルギーの買取価格を定めるフィードインタリフに対して、ＲＰＳ法は電力会社に一定量の再生可能エネルギーの導入を義務付ける制度で、固定枠制度とも呼ばれる。価格を市場で定める点で経済学者や官僚に支持者が多く、欧州でも日本が制度設計の手本にした英国やイタリアなど幾つかの国で固定枠制度の導入が進んだものの、それらの国では再生可能エネルギーの普及に失敗した。日本のＲＰＳ法は、そもそも元祖の英国でさえ失敗した制度であるだけでなく、その英国の目標値（２０１０年に10％）よりも一桁小さい（２０１０年に1・35％）など、様々な問題がある。

一方、フィードインタリフは、ドイツやデンマーク、スペインで著しい普及効果を示し、当初、固定枠制度を導入した国も、次々にフィードインタリフに切り替え、ついに２００８年秋には固定枠制度の元祖とも言うべき英国も、５０００キロワット以下に限定しているものの、フィードインタリフの導入を決定したのである。

しかし日本（経済産業省）は、固定枠制度に固執したまま、見直そうともしなかった。また、１９９４年に導入された太陽光発電に対する補助金制度も２００５年に打ち切り、太陽光発電市場も失速したのである。こうした「政策の失敗」の積み重なりによって、かつて世界一だった日本の太陽光発電市場は急速に縮小していったのだ。

今回、突如としてフィードインタリフが甦ったのは、２００８年の太陽光発電市場のデータで、日本がドイツ、アメリカ、スペイン、韓国、イタリアにも抜かれて、世界第6位にまで滑り落ちたことが明らかになったことによって、慌てふためいたというのが実情に近い。

経済産業省と環境省がそれぞれバラバラに政策を進めていることも大きな問題だ。

2008年の世界の太陽光発電市場

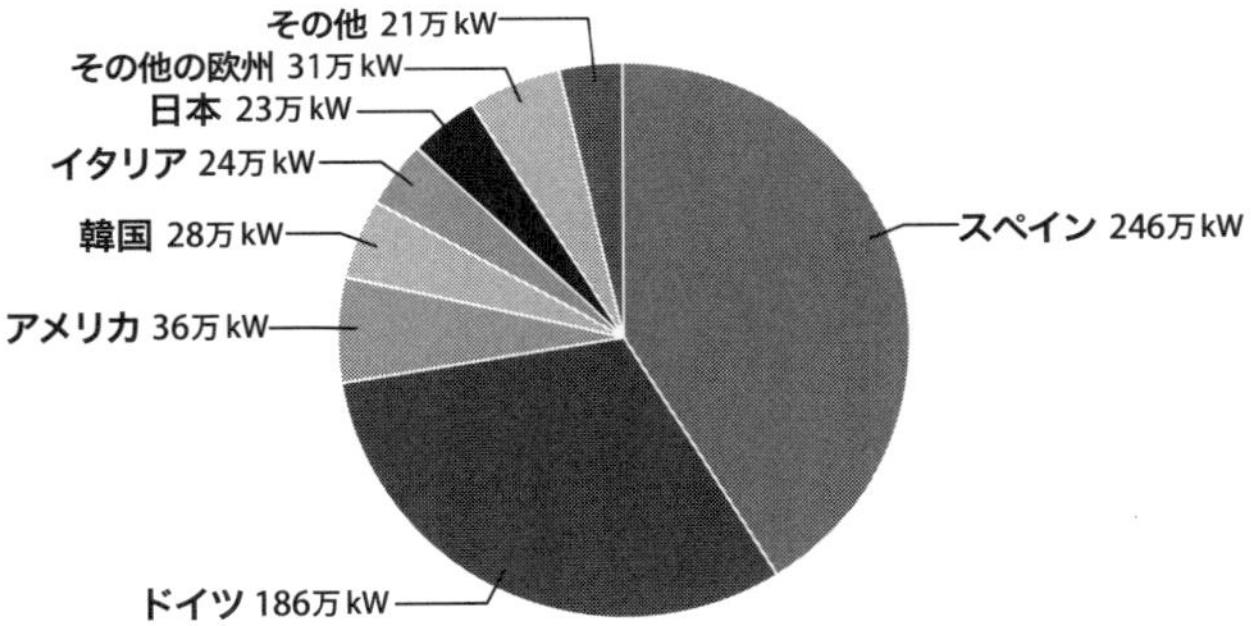

（2008 solarbuzz, LLC 調べ）

年明け早々、環境省が「日本版グリーン・ニューディール構想」を麻生首相に提言して策定を進めると、それに対抗して経産省では「新エネルギー社会システム推進室」を新設、新エネルギー・省エネルギー促進策の具体化や雇用創出などに取り組むとしている。しかし、両省の連携は今のところいっさい見られないようだ（第9～10章）。

２００９年1月、グリーン・ニューディールの申し子と言うべきＩＲＥＮＡ（国際自然エネルギー機関）が発足した。これは、エネルギー関係の国際機関としては、ＩＥＡ（国際エネルギー機関）、ＩＡＥＡ（国際原子力機関）に次いで、戦後３つ目となる。このＩＲＥＮＡへの参加や出席をめぐっても、経済産業省が原因となって大きな失態を招いた。経済産業省は、ＩＲＥＮＡ設立の情報を他の省庁や政治家に下ろさず、政治判断以前に役人側の判断で「参加も出席もしない」ということをあらかじめ決めておいたのだ。後で気づいた政治の判断で、とりあえず出席だけはするということになったが、国際的なエネルギー機関への参加の意思決定を役所の判断のみで決めるようなことはあってはならないことだろう。

政治のリーダーシップを

エネルギー供給の面では、これまで自然エネルギーはあまりにも過小評価されてきた。しかし、ここ数年間の伸びは年率60%、すでに年間で15兆円規模の産業へと成長している。今後10年あまりの間に自動車産業を追いつき、追い越す勢いである。20世紀の花形産業であった自動車から21世紀の自然エネルギーへ。私たちは今、世紀単位で産業の主役が交代する革命を目の当たりにしているのだ。

環境省が出した報告では、日本でも２０３０年に10%の再生可能エネルギーを導入すれば、25兆円の費用に対して経済全体としては58兆円から64兆円規模の経済効果がある、という試算も出ている。グリーン・ニューディールの投資は、経済的にも非常に大きなメリットとして日本社会にも返ってくる。

自然エネルギー産業の急成長

企業名	株式時価総額
トヨタ自動車	16兆3780億円
ホンダ	6兆5503億円
キヤノン	6兆5485億円
新日本製鐵	4兆0433億円
東京電力	3兆7745億円
日産自動車	3兆6753億円
Iberdrola Renovables（スペイン）	2兆9706億円
信越化学工業	2兆7741億円
Vestas（デンマーク）	2兆5242億円
First Solar（アメリカ）	2兆3612億円
東芝	2兆3278億円
京セラ	1兆7581億円
シャープ	1兆6605億円
三菱重工業	1兆6531億円
Renewable Energy Corp.（ノルウェー）	1兆5343億円
スズキ	1兆2996億円
Gamesa（スペイン）	1兆2933億円
東京ガス	1兆1103億円
Q-cells（ドイツ）	1兆757億円
EDP Renovaveis（ポルトガル）	1兆407億円
新日本石油	9754億円

（2008年7月時点の株式時価総額　環境エネルギー政策研究所 調べ）

自然エネルギー導入の費用と効果

（環境省 調べ）

また、地球温暖化の問題に関しても、２００９年12月にはコペンハーゲンで京都議定書の次の目標を決めるという、きわめて大事な会議がある。現在、地球温暖化問題はＩＰＣＣの最悪シナリオよりも、さらに悪いレベルへ進行しているというのが国際的な共通認識となっている。こうした切迫した状況にもかかわらず、日本は、まるで足元の石ころに躓《つまず》いてまったく身動きがとれないかのような状況といえる。

こうした目先の問題を乗り越えて、真に国益と地球益に資する「環境エネルギー革命」を実現するために、今まさに政治のリーダーシップが問われているのではないか。

おわりに

本書のもとになった番組の企画がスタートしたのは、オバマ大統領就任演説の２週間前、２００９年1月7日のことだった。兼清慎一デスク（第8章執筆）から届いたメール。「番組のご相談です。『スマート・グリッド』を番組にできないかという提案です。『電気自動車』を『移動する蓄電池』にするというコンセプト。これが、『ＩＴという強みを使って、環境と自動車を同時に再生させる』というオバマの戦略です」

翌日には、「クローズアップ現代」の岩堀政則編集責任者からも「オバマのグリーン・ニューディールをできるだけ早くやってほしい」と声をかけられた。

それまで環境問題からは縁遠かった私だが、番組提案に向けた下準備を積み重ねるにつれ、自分の中でいろいろなものが結びついてきた。地球環境の危機と経済危機、そしてエネルギー危機や産業構造の転換……。多くの現代的な課題が、ここに集約されていることが分かってきて、ワクワクしてきた。

その「ワクワク感」は、取材陣を結成していく過程でも実感できた。当初動き出したのは、報道局の経済部、国際部、ロサンゼルス支局、ワシントン支局。経済危機に苦しむアメリカは、「グリーン・エコノミー」でどう立ち直ろうとしているのか、そして高い環境技術を持つ日本はどう動くのか、取材が始まった。

さらに、『SAVE THE FUTURE』や『未来への提言』などの番組を通じ、継続的に環境問題を追いかけてきた衛星放送のチームが加わり、そのスタッフの力と人脈が、最後まで番組を支えることになった。そしてNHK報道局を横断するべく誕生した「あすの日本」プロジェクトの「結節力」によって、社会部、科学文化部からも長く環境問題に関するニュースを取材してきた記者たちが集結することになった。

これを報道番組担当のディレクターたちがまとめるかたちとなり、総勢30名以上という稀にみる大部隊となった今回の番組。様々な部署が、各々の視点と、取材の蓄積を活かしたわけだが、時間枠73分の放送には盛り込めなかったものも多く、今回、出版のかたちで成果を網羅的にまとめることとなった。

最後に、本書の構成を簡単に記す。

「はじめに」を執筆いただいた寺島実郎氏は、言うまでもなく日本を代表する論客のひとり。政治・経済・エネルギー問題……あらゆる事象に精通する氏が、グリーン・ニューディールを世界史的な視点から位置づけている。グリーン・ニューディールについては、「針小棒大な議論はしないほうがいい」が、「産業構造の大転換」につながる可能性があるという指摘。思い返せば20年前、携帯電話やインターネットが使われ始めた頃、とても今のような世界を想像することはできなかった。家庭で太陽光発電した電力を、電気自動車に貯めて、必要な時に電線に戻す――現在は夢物語のようにしか思えない「スマート・グリッド」の世界が、20年後には普通のものになっているのかもしれない。

第Ⅰ部では、アメリカにおけるグリーン・ニューディールを取り上げた。環境への国家的な取り組みといえば、ヨーロッパが先んじており、多くの書物の蓄積もある。最近では「緑色新政」と名付けた中国や、韓国なども経済危機の中、競うようにグリーン・ニューディール政策を打ち出している。今回はアメリカに取材対象を絞ったわけだが、それは、経済危機と政権交代をきっかけに一気に舵を切ったアメリカの国家戦略を見つめることで、5年後10年後の国際経済と政治のあり方を見通せることができるのではないか。そして待ったなしの地球温暖化対策の面でも、「アメリカの復帰」が大きな一歩になりうるのではないかという考えからだった。

第1章は太陽光、第2章は風力という、自然エネルギーの「双璧」を舞台に、大きな雇用が生み出されている実態を描き出す。国際労働機関（ＩＬＯ）と国連環境計画（ＵＮＥＰ）が２００８年9月にまとめた報告書によれば、自然エネルギーの開発で生み出される雇用は、２０３０年までに少なくとも２０００万人と、現在の10倍以上になるという。そうした自然エネルギーの雇用創出効果と共にここで注目したいのは、州政府のイニシアティブだ。今回取り上げたカリフォルニア、テキサス、ペンシルベニアはいずれもブッシュ政権の時代から、いわば「グリーン・ニューディール」を明確に打ち出し、需要と雇用の創出、そして地球温暖化対策への取り組みを始めた。日照時間が長いカリフォルニアでは太陽光、風の強いテキサスでは風力と、それぞれの地域に適した自然エネルギーに注力するところも、分権の進んでいない日本にはない強みだろう。寺島氏の言う「産業構造の転換」が、石油王国・鉄鋼王国の変貌というかたちで、すでに始まっている。

こうした「地域ごとの長所」を、全米レベルで結びつける構想が、第3章が詳しく解説する「スマート・グリッド」だ。大げさに言えば２００９年の流行語大賞にノミネートされそうな勢いのこの言葉、すでにコロラド州などでは実験が始まり、さらにＧＥとグーグルというアメリカの新旧を代表する企業の参入もあって、期待が膨らんでいる。アメリカではもともと電線が老朽化し、停電が多かったことから、一気にハイテク電線網に張り替えようという「逆転の発想」が、ここにはある。瀕死の自動車業界も、電気自動車で再生を図っているわけだが、これもスマート・グリッドというインフラ整備と並行して進めようというところが、アメリカの「えげつなさ」だと、つくづく思う。2009年4月、ニューメキシコ州で開かれたスマート・グリッドのワークショップには、東芝、東京電力、東京ガス、三菱電機など日本の大企業が参加したという。安定した電力供給を世界に誇る日本が、その技術を輸出するチャンス到来というわけだろうが、かたや日本社会のインフラの再構築は今後どう進められるのか。そこも注視していきたい。

第4章から第6章では、アメリカのグリーン・ニューディールを支える3つの柱を取り上げた。まずは「金」。金融危機の長期化、そしてエネルギー高騰にブレーキがかかったことで、世界のマネーが「環境」に向かっている。これを「環境バブル」として否定的にとらえることもできるが、ITもそうであったように、「世界はいつもバブルを欲している」し、「バブルで金が集まったときに、技術開発と普及が進む」というのも事実だろう。そして寺島氏が言うように、この「バブル」を美しい「物語」にしてしまうのがアメリカ。「インターネットで夢のような便利な社会が訪れます」の次は、「自然エネルギーや次世代自動車で地球に優しい生活を送れます」というわけだ。金儲けに明け暮れたピケンズ氏が、「最後は有意義なことをして死んでいきたい」と語るのが印象的だが、そんな「改心した」投資家たちが、次々生まれてきている。

第5章が描くのは「政府のリーダーシップ」だ。新しいエネルギー政策は、すでに州レベルでは動き出していたし、実は連邦レベルでもブッシュ政権の後期から大きく舵が切られていた。しかし、それを「物語」にしたのは、やはりオバマ大統領と言わざるを得ない。他に手段がないなかでの、苦し紛れのものであったとしても、リーダーがはっきりと方向性を示すことで、前述の「金」も動きやすくなるのではなかろうか。番組のゲストで、今回も寄稿頂いた飯田哲也氏が注目していたのは「政府保証」だ。民間企業が自然エネルギーへの投資を躊躇せず進められるよう、政府が融資を保証する制度を、オバマ政権は景気刺激策に盛り込んだ。民間の金が集中できるようにする政策は、小さな支出で大きな効果を生むと期待されている。

第6章は、アメリカのグリーン・ニューディールを支えるもうひとつの柱、「若者パワー」の勢いを伝える。経済危機の中、グリーン雇用を「生命線」と位置づける若者たちは、オバマ大統領を生み出したその力で、今度は地球環境も変えようと言うのか。緑のヘルメットでアジる姿が目に焼き付いて離れない。さらに私が驚いたのは、2009年3月、この章を執筆したワシントン支局の高木洋介チーフプロデューサーから届いたメールだ。

「あのヴァン・ジョーンズ氏がホワイトハウス入りしました」

ジョーンズ氏は環境問題のいわば「カリスマ活動家」。以前から、特に貧困層の雇用の受け皿としての「グリーン・ジョブ」に着目、NGOを主宰し主に西海岸で活動を続けてきた。オバマ大統領と同じ40代、扇動とも言える演説が印象的な坊主頭の黒人だ。寺島氏が触れた「グリーンカラー」の名を全米に知らしめたベストセラー『グリーンカラー・エコノミー』の著者でもある。ブッシュ政権を激しく批判してきた彼が、政権交代したとはいえ、環境問題評議会のスペシャルアドバイザーとしてホワイトハウス入りするとは……。アメリカの変わり身の早さを実感するエピソードだった。

第7章は、まさにその「アメリカ」の全体戦略を描く。国立アルゴンヌ研究所やマッキンゼーといった、アメリカをまさに代表する機関や企業が乗り出してきていること、それ自体が、「追いつめられた」アメリカの本気を示している。

第I部の末尾には、NHKの中で最も長く環境問題を取材してきたひとりの渡辺健策社会部デスクが、グリーン・ニューディールの歴史的・世界的な位置づけを解説した。アメリカが世界を「裏切り」、京都議定書から離脱するなか、日本の温暖化対策は自主的なものに留まり、遅れをとったこと。その間にも、地球の危機はより深刻化し、一方でヨーロッパは政府による規制を伴った「低炭素革命」に大きく舵を切っている事実。

京都議定書に次ぐ国際的な取り決めの議論が山場を迎えている2009年は、日本にとっても大きなターニングポイントが訪れている。

その日本における「グリーン・ニューディール」の最前線を伝えるのが、第Ⅱ部。第8章では、まずビジネスの動きだ。リチウムイオン電池、電気自動車、太陽電池、そしてそれらを住宅と結びつける実験。「日本が世界に誇る」環境技術の実像が語られる。本書では「政府の役割の重要性」がしばしば指摘されるが、そもそも日本が環境分野で影響力を持てるのは、この技術力のおかげであることに異論はないだろう。日米や日中の間では環境技術協力の話が進んでいるが、国際交渉における重要な財産にさえなっているのが、この技術力だ。「日本は単体の技術力は高くても、それをつなげるプロデュース力に欠ける」としばしば指摘されてきたが、本章が描くように、コーディネート力のあるエネルギッシュな人材も出てきた。自動車大国、電子立国に次ぐ環境技術立国をめざす、日本にその素地があることは間違いない。

第9章は、日本のエネルギー政策を担う経済産業省が、太陽光発電にいわば「集中投資」する決断に至る過程を描く。太陽光発電された電力を、電力会社に高値で買い取らせる「固定価格買取制度」の導入は、私は評価すべき決断だったと思う。過度の横並び主義が蔓延する霞ヶ関で、特定の産業の育成に踏み切ることには批判もあったろうし（風力が「取り残された」ことについては、第11章で詳述）、温暖化対策というよりも日本企業の育成という意図が強い側面も否めない。しかし専門家が言うように、「ルビコン川を渡る」決定ではあった。ただ欲を言えば、「太陽光発電を増やし低炭素社会をめざす。そのために電力料金の値上げを国民が納得して受け入れる」という、全体像を示したうえでの国民的議論をもっと巻き起こすことはできなかったのか。

同様に経済産業省が普及に力を入れているのが、電気自動車だ。ここでも、グリーン・ニューディールは、産業育成そして国内需要対策の色彩が強いことが指摘されている。それは日本経済を建て直すために決して悪いことではないが、それだけでは広く国民の理解を得ることにはつながらないのではないだろうか。中期目標をめぐる議論が、いまだに「環境派」と「産業派」の対立が主軸になり、「温暖化対策のため国民はどれだけの『負担を受け入れる』のか」といった経済的な負担論に終始しているのも、低炭素社会へのビジョンが示されていないためだと考える。

第10章は、経産省と同じ霞ヶ関、道ひとつ隔てただけの環境省が主人公だ。グリーン・ニューディールを支える2つの中央官庁、その職員同士が膝を突き合わせて議論することがないというのは、驚きだった。彼らにしてみれば、「それは政治の役割」と言うのかもしれない。確かにバックグラウンドの異なる者同士の議論は、往々にして鬱陶しく消耗するものだ。マスコミにも縦割りがあるから良く分かる。経済産業省や産業界を担当する記者と、環境省やNGOを担当する記者との間には、基本的な考え方や価値感で大きな隔たりがあることが多い。しかし、私たちは番組作りに際し、対立する主張をぶつけ合い、ひとつのものをつくるための議論をしている。今回の番組のスタッフ間で交わされた「ある会話」を私は忘れることができない。

「私たちはもう嫌になるくらい、議論しました。こう言えば相手がどう答えるか、聞かなくてもわかるほどです。いわば免疫はもうできています。だからこそ、それを踏まえた『一歩先の議論』をできるようになったのです」

環境省も、「弱小官庁だから……」とたじろぐことなく、逆に、身軽さとアイデアで日本をかき回していってほしい。こんな「チャンス」は二度と来ないかもしれない。

第11章は、風力発電の停滞を、地方の実例をもとに描く。これこそが日本のグリーン・ニューディールに「全体構想が欠けている」ことを象徴する事例なのではないだろうか。自然エネルギーの普及策が、経済産業省に与えられた枠内に留まる限り、太陽光発電に注力されるのは、ある意味やむを得ない。しかし、さらに長期的な目線をもって、初期投資コストが確かに大きい風力発電にも、政府の支援を傾けるという決断がありうるのではないか。そこには地域経済の活性化という別の（部局や省庁が担当する？）視点を組み合わせることが不可欠だ。せっかくの日本企業の優れた技術が、日本では開花せず、海外でのみ大きく展開することを、歯がゆく思うのは私だけだろうか。

最後に解説を執筆いただいた飯田哲也氏は、自然エネルギー政策を積極的に提言してきた日本のいわば先駆者。寺島氏とともに、番組の「知恵袋」として、企画段階から相談を重ねさせていただいた。低炭素社会モデルの先進地ヨーロッパの情勢にも精通し、日本にも変革が必要であることを繰り返し提言されてきたわけだが、今まさにアメリカも含め世界がそこに向かって走り始めた。動き出した日本の取り組みにも、満足することなく、さらに高い目標をと、叱咤激励を続ける氏の情熱に敬服しつつ、「今まさに政治のリーダーシップを」というラストメッセージを重く受け止めたい。

大学時代、「政治」とは「希少価値の権威的配分」と習った。「希少価値とは、水や空気のようにいくらでもあるものとは違って、予算や議席など、数に限りのあるもののことです」とその教授が語ったことを今回、思い出した。21世紀、「水や空気」も希少価値となる時代がやってきた。つまり、国が安全と繁栄を成し遂げなければならないのと同じ意味で、地球環境を守ることも、政治の重要なテーマになっていることを、今さらながらに痛感する。しかし、政治や私たちにその意識が十分あるだろうか。また、「権威的配分」とは、皆が満足するよう公平に振る舞うのではなく、ある層からは嫌われることを承知のうえで、国家をある方向に持っていくということだ。戦後日本は、安保をめぐる対決が終わり、高度成長に入って以降、そうした意味での「政治」が、はたしてどれだけあったのだろうか。低成長時代に入っても「シーリング」と称する横並び主義、全省庁の主張をつなぎ合わせた施政方針演説。地方分権も進まず、全国一律のエネルギー・環境政策……。

「環境と経済の両立を進める」というグリーン・ニューディールでこそ、まさに環境と経済のバランスをどう取る決断をしていくのか、政治、そして私たち自身の選択が今、求められている。

２００９年５月

ＮＨＫスペシャル番組センター　宮本英樹

環境で不況を吹き飛ばせるか
〜グリーンニューディールの挑戦〜
2009年3月19日放送　NHK総合テレビ

ゲスト	寺島実郎　飯田哲也
キャスター	小林千恵　兼清慎一
語り	松本和也
取材	井上登志子　櫻井玲子　中島紀行　花澤雄一郎 本田洋子　山口 学　渡部圭司　渡辺常唱
撮影	大高政史　松本恭幸
音声	西本秀二　山田伸雄
リサーチャー	安東雄一郎　江村 薫　小髙菜美　小藤理絵 ドラブル安恵　福原顕志
音響効果	嘉藤 淳
映像デザイン	岡部 務
編集	岡田耕治　小坂 孝　田島義則　岡部 航
ディレクター	飯塚一朗　碓田 潔　坂牧麻里 田中靖子　西川美和子　服部泰年
制作統括	堅達京子　高木洋介　中村幸司　前田浩志 宮本英樹　山本 滋　渡辺健策

本書制作スタッフ
［編集協力］鶴田万里子　手塚貴子
［本文DTP］NOAH

寺島実郎（てらしま・じつろう）

日本総合研究所会長・多摩大学学長・三井物産戦略研究所会長。1947年生まれ。早稲田大学大学院修士課程修了。三井物産ワシントン事務所長、戦略研究所所長などを歴任。内閣官房地球温暖化問題に関する懇談会委員。『脳力のレッスン』（岩波書店）ほか、著書多数。

飯田哲也（いいだ・てつなり）

環境エネルギー政策研究所所長。1959年生まれ。京都大学工学部卒業、東京大学大学院博士課程単位取得。中央環境審議会委員、東京都環境審議会委員などを歴任。『北欧のエネルギーデモクラシー』（新評論）ほか、著書多数。

NHK出版　生活人新書　292

グリーン・ニューディール　環境投資は世界経済を救えるか

二〇〇九（平成二十一）年六月十日　第一刷発行

著者　寺島実郎　飯田哲也　NHK取材班

発行者　遠藤絢一

発行所　日本放送出版協会

〒一五〇―八〇八一　東京都渋谷区宇田川町四一―一

電話（〇三）三七八〇―三三二八（編集）

（〇五七〇）〇〇〇―三二一（販売）

http://www.nhk-book.co.jp（ホームページ）

http://www.nhk-book-k.jp（携帯電話サイト）

振替　〇〇一一〇―一―四九七〇一

装幀　山崎信成

印刷　啓文堂・近代美術　製本　笠原製本

ISBN978-4-14-088292-4 C0233